U0177845

走向平衡系列丛书

和合共生

城市大学校园新理想

董丹申 王 静 等 著

中国建筑工业出版社

图书在版编目（CIP）数据

和合共生 ：城市大学校园新理想 / 董丹申等著. —
北京 ：中国建筑工业出版社，2023.9
（走向平衡系列丛书）
ISBN 978-7-112-29095-6

Ⅰ. ①和… Ⅱ. ①董… Ⅲ. ①高等学校－教育建筑－
建筑设计－研究－浙江 Ⅳ. ①TU244.3

中国国家版本馆CIP数据核字（2023）第167180号

大学校园作为知识传承创新的场所与社会文化进步的象征，在城市的横向生长与人类文明的纵向发展中扮演了重要角色。浙江大学建筑设计研究院有限公司在广泛而长久的实践中彰显出的一种针对校园建筑更新设计的哲学：基于平衡建筑设计原则，逐步实现大学校园建筑与多要素的动态平衡与和合共生。本书知行合一，以期为大学校园更新提供普适、具体、深入的方法理论和优化策略，适用于建筑及相关专业有意于专注大学校园更新设计领域的设计者、决策者、使用者及建设者， 以及作为建筑及相关专业本科生、研究生的参考书。本书由浙江大学平衡建筑研究中心资助。

责任编辑：唐　旭
文字编辑：孙　硕
责任校对：李美娜
内容编辑：姚林锋　段昭丞　陆文凯　穆　特　叶　婷　门子轩　张润泽

走向平衡系列丛书
和合共生　城市大学校园新理想
董丹申　王　静　等　著
*
中国建筑工业出版社出版、发行（北京海淀三里河路9号）
各地新华书店、建筑书店经销
北京雅昌艺术印刷有限公司印刷
*
开本：850毫米×1168毫米　1/16　印张：10 1/4　字数：246千字
2023年9月第一版　2023年9月第一次印刷
定价：138.00 元
ISBN 978 - 7 - 112 - 29095 - 6
（41820）

走向平衡，走向共生

校园，是收藏师生美好记忆的“精神故乡”；

大学与城市的互动，是一种责任，也是一种态度；

校园空间并不存在最终的理想状态。[1]

[1] 本书所有插图除注明外，均为作者自绘、自摄；本书由浙江大学平衡建筑研究中心资助。

探　索

校园与城市

校园与生活

校园与历史

校园与艺术

校园与自然

校园与技艺

的动态平衡

实践一种“和合共生”的城市大学校园新理想！

序

董丹申

董丹申

浙江大学建筑设计研究院董事长兼首席建筑师

浙江大学平衡建筑研究中心主任

浙江大学建筑设计研究院校园建设及更新研究中心主任

国家一级注册建筑师

国务院政府特殊津贴专家

王静

王 静

浙江大学建筑设计研究院博士后

日本北九州市立大学建筑学博士

浙江大学建筑设计研究院校园建设及更新研究中心主任助理

国家一级注册建筑师

高级工程师

提起校园建筑，大家心中肯定会不经意地浮现起自己和同学在窗前就读的情景。无论处于哪个年代，读书的日子里总是有无穷的欢乐。校园是传授知识和发展知识的地方，更是人性养成的重要场所。在每个人的成长过程中，都需要通过校园学习来启迪其心智，并使其获得可以毕生自我提升、创造和开发的能力。

随着我国经济的不断发展，我国城镇化将转向内涵集约式存量型为主与增量结构调整并存的高质量发展模式。面对存量时代巨大的城市更新需求，校园建筑作为一种特殊的建筑类型，在经过如火如荼的建设浪潮后，我们需要停下脚步总结并反思当前校园设计的创作亮点及弊端。

时代在发展，教学模式也在不断更新，曾经的校园空间是否还能满足当代教育教学模式及师生的日常学习和生活需求？因岁月流逝而显得陈旧、破损的建筑，以及逐渐衰败、被冷落的校园节点如何才能焕发生机？校园文脉的发展延续怎样通过建筑形体、材质、色彩与空间格局等校园肌理及地域文化关联来呈现？面对当代校园建筑发展的新特点，建筑师如何坚守设计初心，营造新时期的校园建筑环境？……

当代大学不应是象牙塔，而应是学生接触社会、大学反哺城市的场所。大学与城市密不可分，两者长期共处构建出一种和谐共生的社会存在，并以各自的形态、结构和功能表现出它们存在的社会意义。两者间的开放、共享产生共振和放大效应，形成大学与城市之间的良性互动。大学与城市的互动，是一种责任，也是一种态度。

新时期的校园设计须洞悉这种变化，并遵循“人本为先”的核心，与时俱进，使校园更具开放性和包容性，最终达成大学与城市之间的良性互动，从而共同构建出一种和合共生的关系。

当然，任何事物的发展都不会是简单的线性脉络，而是随时可能遇到突发情况而使发展在各阶段之间呈现来回跳跃式的突变与反复的特征，校园建筑从设计到落成也是如此。从中西方校园空间形态的演变过程中可以看出，大学校园空间并不存在最终的理想状态。克尔在《大学的功用》一书中说道：“校园是在不断变化的，它的未来难以预测……我们对学校的想象应如同对城市一样，它们的发展形成一部分与过去有关，同时又与未来有关。我们的大学永远不会完成……社会、经济、文化背景的变化，带来的是使用者对情理精神的全新解读，校园空间形态也必须做出相应调整。”

正因如此，更需要用平衡建筑的眼光来把握总体的生成走向，使之在“情理合一”的张力作用下遵从校园营造的初心。情理精神的与时俱进、植根本土、有源创新，才是大学精神动态平衡的原动力。每一个校园也将成为收藏师生美好记忆的“精神故乡”。

校园要有活力和创新的能力，就必须在生长过程中具有开放、共享的精神。师生在使用的过程中会根据自己的场景意象来演绎他们的故事，并将他们的影响渐渐融入其中。从历史、现在到未来，将不断遇到新的情况与问题，逐步演变的状态是校园在基地环境中生长并将历史信息传承下去的历程。

校园与城市、校园与生活、校园与历史、校园与艺术、校园与自然、校园与技术，等等。它们均能从不同侧面呈现出校园与社会的万千气象及对设计的专业思考。同时，也必须认识到情理精神与当下校园建筑实践的结合，必须经过专业的创造性转化与创新性发展，才能更好地指导具体的工程实践。

癸卯年春于浙江大学西溪校区

目 录

第　　一　　章

知

1.1 和合共生

引言

大学校园作为城市先进文化的传播者、区域创新的驱动器，其在城市发展的变革中始终扮演着重要角色[1]。与此同时，随着高校不断扩招，由此带来的城市空间变革、社会现象变化、经济推动潜力不可估量。

中国的大学校园建设热潮始于20世纪下半叶，并在经历了21世纪初期的急速扩展之后，不可避免地进入校园现代化的更新阶段[2]。但在大学校园更新建设过程中，还有系列问题亟待明确：大学校园更新时应遵循什么样的原则？有什么样的特质？哪些部分需要进行更新？采用什么样的策略进行更新？更新到什么程度？通过什么路径更新？怎样的校园空间才能契合当代校园教育模式？……事关如何引导与开展21世纪新型大学校园更新建设，这些核心问题的解决亟需一项能够总体把控大学校园更新设计的新体系与新范式。

1.1.1 核心主旨思想——和合共生

"共生"是一个相对普世的概念，缘起生物学范畴，并最早由日本建筑师黑川纪章通过"共生城市"理论拓展于规划与建筑领域，其对于协调城市不同功能区、织补消极的边界空间等具有指导意义[3]。而针对大学校园展开的更新工作，设计者往往面临留旧与建新、功能与形制、独立与交融、成规与变革、历史与当下、技术与艺术、情感与学理、整体与局部、校园与城市等诸多矛盾。大学精神崇尚科学、自由、思辨和创新，同时也不乏社会及人文关怀[4]，因此大学校园建设的核心是要建立起承载这些多元特质的共生容器。共生

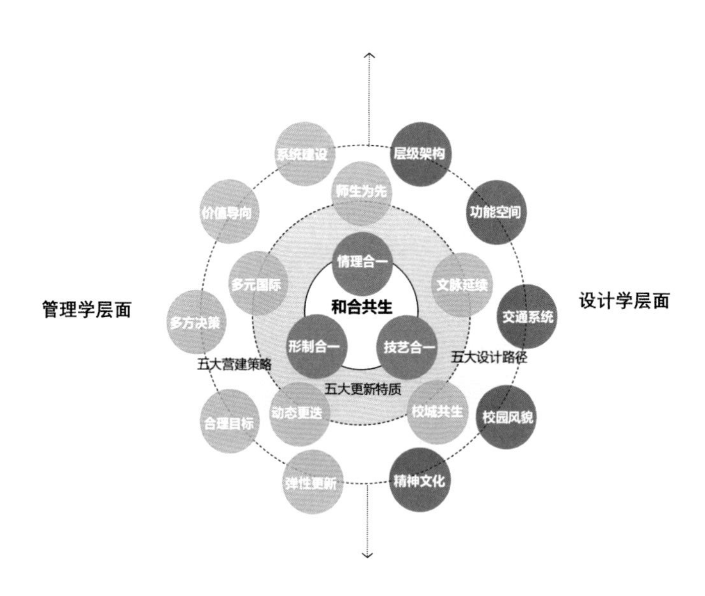

图1.1-1　和合共生——大学校园更新设计系统示意图

[1] 马文瑞．界与域-高校校园边界空间整合性研究[D]．大连：大连理工大学，2018.

[2] 陈纵．"两观三性"视角下的当代大学校园空间更新、改造设计策略研究[D]．广州：华南理工大学，2021.

[3] 刘哲．基于共生思想的中小学校园改扩建设计策略研究[D]．武汉：华中科技大学，2022.

[4] 董丹申，刘玉龙，刘淼，等．校园建筑：情理演变与人本反思[J]．当代建筑，2021(08):6-12.

概念因而能作用到大学校园更新层面，即通过必要的举措使得校园各要素之间不断进行物质交换、资源共享并实现和合共生的状态。该理念下，也就要求设计者们沿袭“平衡建筑”情理合一、技艺合一、形制合一的三大特质，遵循五大更新特质、五大营建策略、五大设计路径，从而促使校园最终达成多维度的动态平衡，实践一种“和合共生”的大学校园新理想（图 1.1-1）。

1.1.2 五大更新特质

1. 师生为先 —— 人本主义的突出体现

大学校园的更新设计，首先要主张回归大学精神的本源 —— 人本主义。这里的“人”指的是与学校发展息息相关的学生、老师和校友。学校的发展和建设以尊重师生及校友的自由平等意愿为前提，围绕充分满足师生及校友日常生活中的物质功能需求以及社会交流中的精神文化需求而展开，力求创建亦校亦家的新型大学堂。同时学校的发展和更新建设，也离不开师生和校友的主观能动性：大学校园的受众在空间中构建场景，充分调动集体记忆并构建共同的场所精神。一个成功的大学，应该通过自身校园中所体现出来的价值导向，让全体师生及校友认识到自身的社会价值，鼓励其树立充分的自信，帮助其有所发展，从而回馈社会、反哺学校。

2. 动态更迭 —— 动态变化与历史更迭的必然过程

克尔在《大学的功用》一书中说道：“校园是在不断变化的，它的未来难以预测……我们对学校的想象应如同对城市一样，它们的发展形成一部分与过去有关，同时又与未来有关。我们的大学永远不会完成……”[1] 因此，设计者和管理者必须明确校园空间并不存在最佳的理想状态，从历史、现在到未来，大学校园生长在基地环境中，必然是一种逐渐推演、不断更新的状态。社会、经济、文化背景的更迭，带来的是使用者对新生需求的认知解读以及校园空间形态做出的相应调整。而纵观一所大学校园肌理的生长，均为几代人赓续努力的结果，正如西方历史悠久的大学，创立之初往往只得百亩土地，建几座楼房，围合一个方院，传道授业，随着时代发展，校园规模逐渐扩张，不断向城市延伸，与城市相互咬合，但校园动态更迭的脚步从未停下。

3. 多元国际 —— 多元包容的胸怀与面向国际的视野

蔡元培先生在执掌北京大学时提出了他心目中的大学精神，即“思想自由，兼容并包”。[2] 多元包容是一流大学应有的胸怀，国际视野是一流大学必备的格局，多元化和国际化的程度是衡量大学活力的重要量度。在大学校园内，倡导不同群体共处、不同风貌迭代、不同思想碰撞、不同文化融合、不同行为交互、不同功能复合，是当下大学校园更新设计发展的必然趋势。

4. 文脉延续 —— 历史文脉的尊重演绎

大学校园的扩展与更新过程，既不是断水截流的另起炉灶，也不是陈腐守旧的一成不变，而必须充分尊重并保护原有的校园文脉。当然这种对文脉的传承是一种辩证的传承，校园的历史跨度也是文脉延续的具体表现形式，其需要技术和设计的支持，兼顾功能与审美。校园里的老建筑体现大学的历史文脉，在百年的修缮中应修旧如旧，而随着科技进步，建筑技艺不断提升，教学模式也在不断改革，校园发展中的新建建筑同时会体现出时代的特征。新老建筑彼此相接，建

[1] 董丹申．情理合一与大学精神［J］．当代建筑，2020(7)：28-32.

[2] 郭玉伟，时家贤．蔡元培与马寅初教育思想比较研究［J］．兰台世界，2015(1)：132-133.

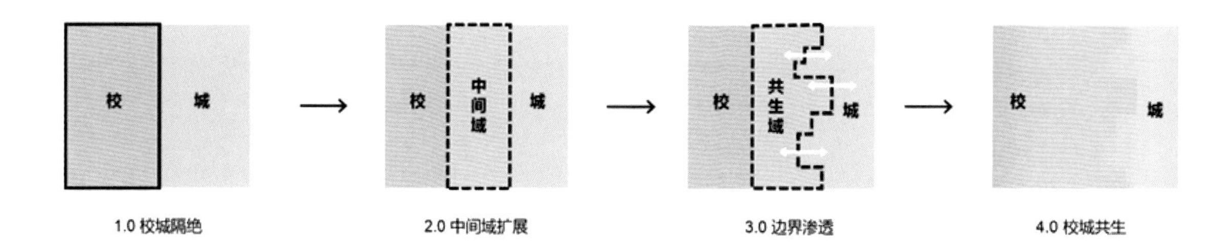

图 1.1-2 校城关系演变模式

筑风格的更迭融汇，体现了校园的历史跨度，也正是校园活力所在。

5. 校城共生 —— 校城互动融合的必然趋势

大学与城市的互动，是一种担当，更是一种姿态，校城关系在历史时期也经历了从隔绝到互动渗透再到融合共生的演变（图 1.1-2）。大学与城市密不可分，两者长期共处并以各自的形态、结构和功能表现出它们存在的社会意义。大学校园既是城市文化的先进传播者，又是区域创新的推动器，亦是优质生活方式的示范区；而城市，则成为大学的时空载体，为大学提供土地资金、产业转型、商业配套、就业服务等资源。当代校园的建设与更新，应顺应校城融合的时代趋势，力求构建校城一体化体系，探索大学与城市共同成长的新模式。

1.1.3 五大营建策略

1. 系统建设

大学校园更新设计是一个包含调研、评估、决策、设计、审批、实施、管理、运营、后评估等多个步骤环节的系统性工程，涉及监察、决策、实施、验证系统等群策群力、共同参与，且需要在一个总体性与系统性的框架下运行，因此要明确校园的更新建设必须引入系统化制度。

2. 价值引导

大学校园的管理者泛指能够对校园物质环境产生实质干预和影响的主体部门或人员，他们包含对校园环境具有影响的各级领导层、校园内负责基础设施建设的基建部门、对使用设施和景观进行维修和养护的物业部门等。这一管理者群体自身的喜好和情怀会切实反映在校园物质空间环境上，成为文化品质的物质载体，并对校园精神与文化产生潜移默化的深远影响。因此，校园管理者的价值导向在大学文化气质的形成与发展中发挥了基石性的作用，如哈佛大学与耶鲁大学的古典人文精神、香港中文大学的绿色校园理念、麻省理工学院的科学理性精神、伊利诺伊理工学院的现代主义氛围等均含有其校园管理者的深深烙印。

3. 合理目标

“十年树木，百年树人”，大学校园的建设如同其对人才的培养，不可能一蹴而就[1]。校园更新规划与设计更应视作以 5 年或 10 年为周期的目标体系与计划，在前一阶段基础上贴合新时代新需求进行定期调整。因此，需要建立起合理、分阶段的目标，制定动态的规划方案并循序渐进实施更新。

4. 弹性更新

校园更新与新建相比，更容易受到现有使用条件的限

[1] 王晓燕．中国研究型大学学科建设探析 [D]．南京：河海大学，2007.

制，建设难以一步到位，更宜遵循动态的目标、循序渐进的更新计划。也可在前期规划时采用疏密结合的布局，采用集中预留、分区预留或地块内预留部分用地，用于校园未来的更新发展，以弹性适应不断变化的需求。

5. 多方决策

为了深入贯彻落实各项原则与策略，首先应当成立具有相当决策权的筹备小组，包含校董会、职能部门、学生会、校友会等各方利益代表，各代表组内成员可以适时更替；其次，需要参考大学校园更新技术委员会专家团的意见，并委托一定水准的设计团队，对整个建筑项目进行系统性设计与把关；最终，通过校建办、房产处、后勤处之类的职能部门，将这些决策合理高效落地。在动态进程中，应邀请校园受众、市民等各方参与决策及评估校园更新建设，同时，在管理机制和土地机制上，应谋求加强“官－产－学”即政府、企业、学校的有效协同合作。

1.1.4 五大设计路径

1. 层级架构

更新首先要求对大学校园的整体格局进行架构梳理与优化，在空间维度上实现城市和校园母子系统之间的缝合，在时间维度上形成校园历史肌理脉络的延续。近年来，大学

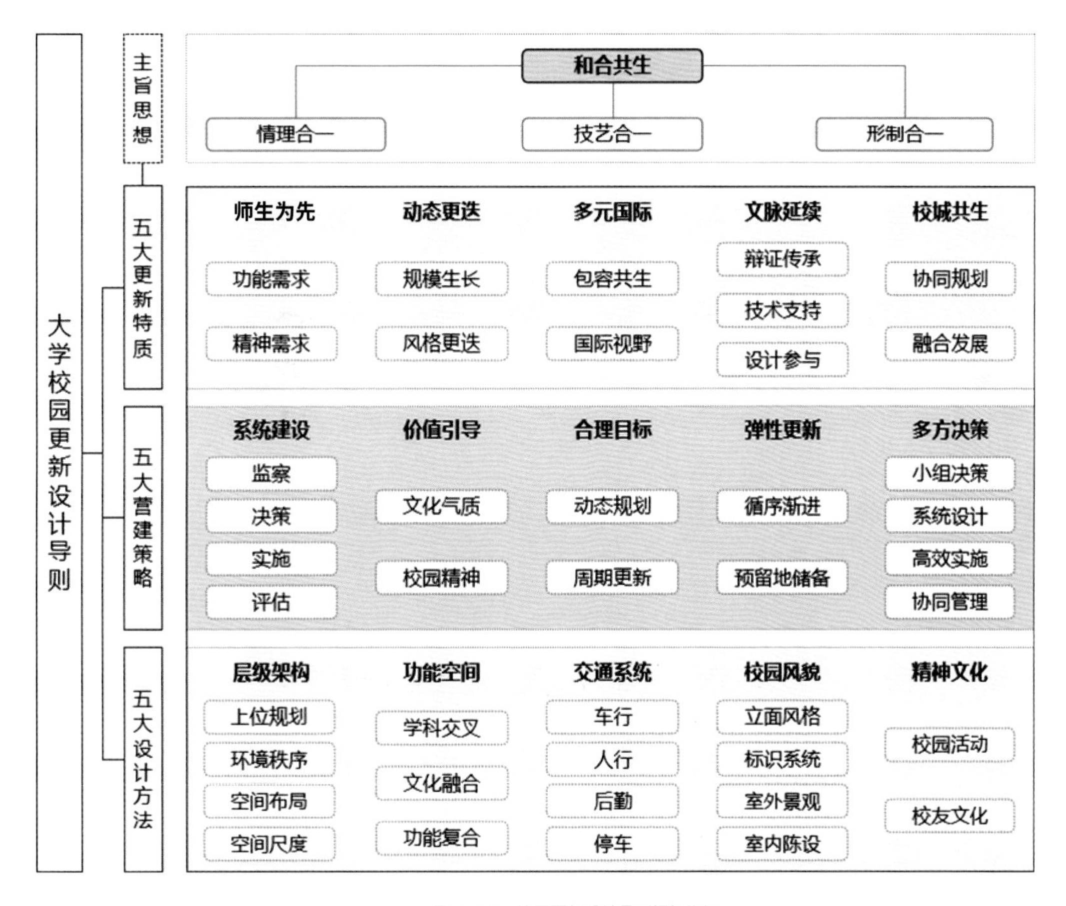

图 1.1-3　校园更新设计导则框架路径

校园规划设计不局限于“轴线+中心院落”的传统模式布局，发展出多样化教学核心空间、园林布局、多组团、变化轴线等的混搭格局，但大多仍可建立起由核心教学区、基本功能区、校城共生区组成的空间层级架构。

2. 功能共享

功能空间层面上，需要对外衔接上层规划与整体定位，对内顺应教学体系和模式革新的新形态。近年来，随着科技进步与学科发展，融合学科、交叉学科、跨学科已成为新的趋势，单一传统学科实现纵向创新突破的困难程度与日俱增，而当横向交叉学科成为学科创新拓展的主流，也为校园更新规划提供了新的思路。在对校园功能更新时，也应关注建立起学科群内及学科群间生态复合系统，促进交叉融合，为跨学科交流提供空间及场所[1]。此外，在校城共生区内也应根据校城边界特征构建起校城内外教学型、生活型、科创型、文体型功能的资源充分共享。

3. 交通梳理

优化梳理校园交通系统即疏通校园物质能量交换通道，对激发校园活力尤为关键。需要根据不同的交通系统形式，对机动车、非机动车、人行道路进行分离疏导，必要时借用部分城市公共道路进行车流疏导。同时力求在校园内打造一套独立、安全的步行交通系统，将校园内的公共开放空间、广场、庭院等相互串联，创建环境优美、尺度宜人、体验良好的大学校园步行系统。除此之外，通过建设地下停车库、停车楼等模式，提升停车效率，解决现有大学普遍存在的停车难问题。

4. 校园风貌

[1] 程飞亚，张惠．世界一流大学跨学科研究平台构建模式研究——以清华大学为例[J]．北京教育（高教），2020(1):66-70.

在建筑立面、标识系统、景观设计、室内陈设方面，鼓励风格的迭代，倡导多元融合，尊重历史跨度，在控制整体风格的基础上，允许符合大众审美的独特性。

5. 精神文化

大学校园的规划设计在某种程度上来说是所在地域精神文明层面的集中表现，高校校园作为先进文化的重要传播场所，反映了特定文化环境里的至高精神追求[2]。学校的发展离不开文化的弘扬，应当鼓励师生发扬自身爱好特长，重视校园传统特色文化活动的传承，发掘校友文化的潜在价值，提高学校与社会认同感。

1.1.5 结语

当代校园的建设与更新，秉持着人本为先的精神，以开放包容的校园场所为时空载体，不断探索着大学与城市共同成长的新模式。随着多学科交叉成为主流研究方法，大学校园的更新设计也应突破单一学科限制，借鉴多种相关学科的理论和研究方法[3]，综合应用多学科工具，通过层级架构、功能空间、交通系统、校园风貌、精神文化等层面的系统梳理，探索大学校园更新改造的实际问题。基于以上的整体原则、营建策略与实现路径，能对未来的大学校园更新设计提供系统化的理论参考，进而传递一种“和合共生”的大学校园新理想！（图 1.1-3）

[2] 陈纵，盘育丹，孟令哲等．城市文脉　和谐共生——“两观三性”思想指导下的泰州中学规划设计[J]．华中建筑，2020,38(06):40-44.

[3] 高倩．职业教育理论体系构建的跨学科研究范式探析[J]．职教通讯，2014(31):36-39.

注

1. 本节来源于《和合共生——大学校园更新设计体系新范式》，文章作者王静、董丹申、陆文凯、殷农。

2. 图片来源于王静、校园建设及更新研究中心（Campus Renewal Center，以下简称CRC）。

3. 本节由CRC团队编纂整理。

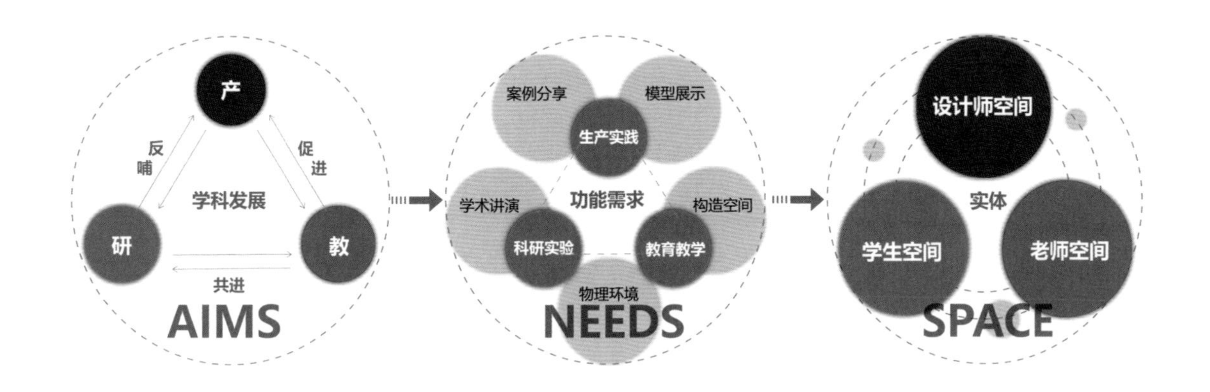

图 1.2-1 浙江大学西溪校区逸夫科教馆产教研一体化功能示意图

1.2 学科共建

作为人类社会文明进步的标志和知识传承的场所，高校校园在人类文明的纵向发展和城市文明的横向蔓延中发挥着非常重要的角色，由于高校不断扩招，由此带来的城市空间变革、社会现象变化、经济推动潜力不可估量。

西方大学校园起步较早，最早可以追溯到古希腊时期的街头场所教学，称为“street”，它被人们认为是欧洲大学的起源形式；中世纪受到宗教封闭的影响，发展为方院围合的“college”；到了 19 世纪，随着工业革命，学术自由的风潮使得原本高高在上的高等教育开始向世俗社会渗透，大学校园演变为半围合的“campus”，向城市开放，师生有更多的机会和社会世俗接触。在 20 世纪 60 年代之后，大学校园视作一个复合式的都市，突出高校建筑的整体性、复合性和可生长性。

在对相关文献的综述中，国外的研究对校园与城市城镇的关系、校园规划特色、空间形态、校园发展的历史和人文关系等均有较深入的展开，且较早就关注到大学与城市的关系。《都市实践》一书中，约瑟·路易斯·塞特提出校园设计是城市总体设计的一个重要组成部分，且校园与城市之间存在着密切的互动关系，包括人的流动、物质流动、信息流动、能量流动等。而像宾夕法尼亚大学规划等，都体现了校城边界的良好互动性，促进城市中心区域的激活和复兴。除此之外，国外诸多论文聚焦社会、资本、运营角度探究校城共生可能性，如日本学者提出的“官一产一学”合作激活校城边界，推动国内产学研一体的浪潮（图 1.2-1）。

中国在高校建设与发展上尽管起步较晚、经历波折，但自党的“十八大”以来，中国也多次提出建设世界一流大学的战略性目标，体现出对高等教育与高校建设的重视。中国的高校校园建设热潮始于20世纪下半叶。但随着城市的不断扩张，高校校园也开始向郊区转移，更多位于城市中心区的老校区由于设施老旧与配套落后等问题出现了功能闲置，需要对校园空间进行合理更新。当前中国校园建设由增量进入存量发展时代，校园空间的研究方向也逐渐由校园规划趋向校园更新与校城关系，但研究往往专注于单一学科的单一方面，忽视了校园更新整体性、复合性的发展趋势。

从学科范畴角度来看，校园更新应当包括城市规划、建筑、教育、管理、经济、地理、环境、政治行为学、社会学、心理学等诸多学科。聚焦到建筑设计领域要素上，大学校园更新应该综合考虑校园空间层级设计、校园与城市肌理的衔接、校园文化的创新和延续、校园交通系统的梳理、校园功能的更新与共享、校城边界的开放、校园的健康舒适性能、校园管理及建设工作机制的革新等多方面。

同时，从校园空间形态的演变过程中，我们关注到以下几点趋势：首先，校园空间并不存在最佳的固定状态这一趋势，从历史、现在到未来，逐步演变的状态是校园在基地环境中生长并将历史信息传承下去的必经历程，多元平衡的动态格局是校园精神的本源所在；其次，当代大学逐渐向社

图 1.2-2　浙江大学西溪校区逸夫科教馆更新方案交流空间实景图

会靠拢，向城市融合，已经不是独立于社会城市环境中的独立存在个体，而是城市的有机组成部分。应当提倡将大学校园视作一个复合都市，突出高校建筑的整体性、复合性和可生长性；再次，近年来单一学科垂直创新突破已经越来越难，横向交叉学科创新成为学科探索的主流形式，在对校园功能更新时，关注建立起学科群内及学科群之间生态复合系统，为跨学科交流提供空间及场所，将成为现阶段既有校园更新建设的必然发展趋势。

当代校园的建设与更新，应力求构建校城一体化体系，探索大学与城市共同成长的新模式。同时必须采用多学科交叉研究的方法，突破单一学科狭隘的学科界限，借鉴多种相关学科的理论和研究方法，综合应用多种学科工具，以探索大学校园更新、改造的实际问题，为其提出相应的优化策略，对未来的大学校园更新设计提供理论参考（图 1.2-2）。

注：

1. 本节来源于《大学校园更新设计综合策略新范式探讨》，文章作者王静。

2. 图片来源于王静、校园建设及更新研究中心（Campus Renewal Center，以下简称 CRC）团队。

3. 本节由 CRC 团队编纂整理。

图 1.3-1　浙江大学西溪校区整体更新方案东侧鸟瞰

1.3 校城共生

引言

大学校园作为知识传承创新的场所与社会文化进步的象征，在城市的横向生长与人类文明的纵向发展中发挥了重要作用。我国的高校校园建设热潮始于 20 世纪下半叶，当前由增量进入存量发展时代，研究重点也从注重形态与量的增加到内涵与质的提升[1]（图 1.3-1）。

党的“十八大”以来，我国多次提出建设世界一流大学的战略性目标，足见对高等教育与高校建设的重视。随着城市的不断扩张，高校校园也开始向郊区转移，更多位于城市中心区的老校区由于设施老旧与配套落后等问题出现了功能闲置，城市中心大学校园空间亟待进行合理更新。

另一方面，当代大学已然不是独立于城市环境中的个体，而成为城市的有机组分。大学特有的精神内涵对城市产生巨大文化影响，城市则通过产业结构的变化影响着大学的教学进程[2]，两者关系日趋密切。但校园和城市作为两张不同的社区网络，分别具有不同的功能结构和物质形态，具有不同的构成规则和空间要素，以及不同的历史进程与演化规

[1] 范晓剑．大学老校区更新与发展 [D]．上海 ：同济大学，2007.

[2] 王开泰．城市中心区大学校园边缘空间设计研究 [D]．哈尔滨：哈尔滨工业大学，2017.

律[1]。如何解决校城边界现状矛盾并激发其空间活力成为本书的关注点。

1.3.1 校城共生相关理论及策略

1. 校城关系发展与边界空间演变

受社会、经济、文化、地理等多重要素影响，国内外的大学校城关系在演变过程中都遵循了一定的历史发展规律，并在动态演变中达到当下时空的某种平衡。

国外大学的校城空间关系体现在其大学校园空间形式的演变中，先后经历了最初期的大学街（street）、向心式学院（college）、半开放式校园（campus）与复合“都市”（urban）四个时期[2]。从最初的随时随地的开放式讲学，到中世纪后期更为封闭与神性的内向式管理，校园形态布局由零散向集约转变，而校城关系则经历了由融合到隔离。在工业革命后，学术自由风潮影响了半开放式的校园规划，学生与社会、校园与城市的接触增多，校园边界逐步向城市开放。而到 20 世纪后期，更多学者将大学校园视为复合都市，突出其整体性、复合性、可生长性乃至辐射性，极大增进了校城互动。

我国古代高等教育早在两千年前便初具雏形。以太学为典型，从官学到私学，学校形制布局分别反映了封建集权下的向心闭塞与寄情山水修炼心性为目的的融于自然，但无论是官学的集权还是私学的避世，封闭形制化的书院式建筑布局使得校城关系趋向于消极。洋务运动至辛亥革命时期，国内近代大学迎来突破，校园规划与建筑从效仿西方到后期中西结合，形态逐渐丰富、体量趋于扩增。中华人民共和国成立后，高校建设迎来进一步发展，但仍然受制于苏联形式的影响，围墙栅栏等硬质边界依旧表达学校之于城市的独立。21 世纪后，随着多元思想的汇入，校城关系迎来了新时期，如出现“城”式校园[3]衔接校城空间，打破校城隔绝的惯常（表 1.3-1）。

2. 校城共生

“共生”是一个相对普世的概念，缘起生物学范畴，并最早由日本建筑师黑川纪章通过其“共生城市”理论运用于规划与建筑领域[4]，对于协调城市不同功能区、织补消极的边界空间等具有指导意义。

校城共生则是在此前提下，通过必要的举措使得校园空间与城市空间不断进行物质交换、资源共享并实现和合共生的状态。值得关注的是，国内大学校城边界的研究一度以线性为主，缺乏对域的关注。因此，本书研究的校城共生域将能丰富校城边界空间研究，将关注点由校城边界引向受其影响、辐射并渗透、互动的周边区域，进而引导校城边界从机械地硬性隔绝演变为灵活地均质渗透[5]，通过空间概念阐释新的校城关系。

3. 校城共生域视角下的设计策略

基于校城共生视角，本书对大学校园更新改造策略进行了梳理归纳，拟形成一套相对完善的方法体系，双向激发

---

[1] 张冬晖．基于共生理论的校城边界影响域空间效能优化研究［D］．重庆：重庆大学，2018.

[2] 马文瑞．界与域——高校校园边界空间整合性研究［D］．大连：大连理工大学，2017.

[3] 蔡永洁，赵志伟，李振宇，等．“城”式的大学——兼述在四川工业学院概念规划方案中对校园形态的探索［J］．建筑师，2004(01):34-37.

[4] 黑川纪章，覃力．黑川纪章城市设计的思想与手法［M］．北京：中国建筑工业出版社，2004.

[5] 张冬晖．基于共生理论的校城边界影响域空间效能优化研究［D］重庆：．重庆大学，2018.

地区	时期	类型	典型案例	图解	校城关系	边界空间
国外	中世纪前中期	街道式	博洛尼亚大学	街道	校园场所依托城市空间，形成教学空间	街道与教学场所相连，没有明确的边界
	中世纪后期	向心式	牛津大学	学院	校开始独立于城市进行管理	方院围合形态形成封闭内向边界
	19 世纪	半开放式	弗吉尼亚大学	校园	校园实现内向管理，同时通过轴线开口向城市单向开放	边界空间通过绿化广场等与城市有机联系
	20 世纪中后期以来	复合都市式	东英吉利大学	城市	校园能够在远郊创建新城市并与之交融	强调整体复合性，边界空间可生长
国内	汉代以来	书院式	岳麓书院	轴线	书院对城市消极，或远离城市追求自然	封闭隔离，内向性强
	19 世纪末～20 世纪	开口式	清华大学	开口	校园体量庞大，开始向城市渗透	河道/围墙/栅栏等软硬质边界隔断,单向开口
	21 世纪以来	城式校园	深圳大学	组团	以城市形态设计校园，校园街区化	成为校城共生的交集地带

表 1.3-1　国内外校城关系与边界空间演变发展

地区	时期	列举	备注
层级架构	核心教学区	主教学楼、科研实验楼、图书馆等	步行 800m/10min
	基本功能区	学生宿舍区、科研机构、配套生活服务、校医院、健身中心等	自行车 10min 以内
	校城共生区	教育型	多元/融合/开放/共享
		科创型	
		文体型	
		生活型	
肌理缝合	校城肌理对接	进行城市和校园母子系统之间的缝合	空间维度
	延续校园原有秩序	对校园历史肌理脉络的延续	时间维度
	优化调节空间尺度	如拆除影响品质、尺度和风貌的建筑；改建有历史保护价值的建筑；并在新旧校园内按 1.5：1～2：1 的合适比例谨慎植入新建筑	节点修正
交通梳理	校城道路对接	疏通校园物质能量交换通道	城市尺度
	完整车步行系统		校园尺度
	停车综合优化		停车问题
功能共享	开放原有设施	公共课堂	教育型
		实验室/科研机构/学术中心	科创型
		体育馆/图书馆/书店	文体型
		餐厅/超市/医院	生活型
	新建共享设施	继续教育/各类培训	教育型
		学科交叉创新平台/重点实验室/研发办公/创业实训/产业孵化器等	科创型
		美术馆/博物馆/展示馆/文创园/文化艺术交流中心等	文体型
		酒店/公寓/附属幼儿园中小学等	生活型
边界开放	入口空间场所化	促成校园边界从硬质隔断到弹性开放与互动渗透，化线为区，化边界为共生域	
	视觉通廊开敞化		
	边界层级开放化		
机制革新	工作机制	目标合理/动态规划/弹性更新/循序渐进/预留储备/评估程序/群众决策	校园更新不会停止
	管理机制/土地机制	企业/政府/学校	“三螺旋模式”

表 1.3-2　基于校城共生视角下的大学校园更新改造策略

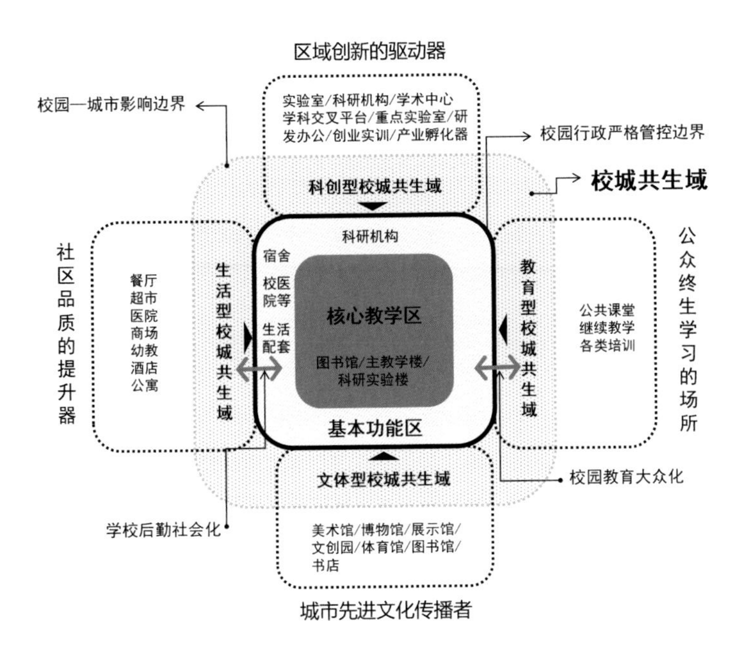

图 1.3-2　核心教学区、基本功能区、校城共生区概念图示

校城活力，实现校城和合共生的愿景（表 1.3-2）。

（1）空间层级架构

有别于通常视角下的校园功能分区，以校城关系视角出发的城市中心大学校园设计将校园置于城市整体空间背景之下。在共生城市理论指导下，类比于黑川提出的城市空间分为“圣域”与“中间域”，大学校园空间可建立起由核心教学区、基本功能区、校城共生区组成的空间层级架构。其中核心教学区为步行尺度，包含图书馆、主教学楼、科研实验楼等核心功能，通常分布在 1km 范围内，师生可步行到达；基本功能区则包含学生宿舍区、配套生活服务、校医院及科研机构等，通常分布在自行车 10min 可到达的范围内。这两部分指校园与城市不可被干扰的空间领域，维持着校园内部有序运行，应降低外界干扰。校城共生区则认为是校园边界和城市交接的广大区域，根据该区域内外主体功能的不同可分为教育型、科创型、文体型、生活型等，本书创新性地将其定义为校城共生域，该区域是校园和城市建立起能量及物质流通的重要区域，也是本书探讨的重点（图 1.3-2）。

（2）肌理缝合调节

解决校城边界生硬需从时空维度上对校城肌理进行有效对接，在空间维度上进行城市和校园母子系统之间的缝合，在时间维度上做到对校园历史肌理脉络的延续。同时需要对空间尺度进行适当优化，如拆除影响品质、尺度和风貌的建筑；改建有历史保护价值的建筑；并在新旧校园内按 1.5:1 ~ 2:1 的

图 1.3-3　浙江大学西溪校区区位分析

合适比例谨慎植入新建筑[1]。

（3）交通梳理优化

疏通校园与城市的物质能量交换通道对活化校城关系尤为关键，需对校内外车行交通进行梳理，使得校园道路和城市道路互为延伸骨架。同时力求打造一套独立、安全的步行交通系统，将校园内的公共开放空间、广场、庭院等相互串联。利用校城共生区的拆建，提升停车效率，解决城市中心大学普遍存在的停车难问题。

（4）新旧功能共享

校园内原有的各类设施，如体育馆、图书馆、书店等文体类；餐厅、超市、医院等生活类；公共开放课堂等教育类；实验室、科研机构、学术中心等科创类通过有效的空间布置和管理机制，对外适度开放。同时在校城共生区根据需求可新建美术馆、博物馆、展示馆、文化艺术交流中心等文体类；酒店、公寓等生活类；继续教育、各类培训等教育类；学科交叉创新平台、重点实验室、研发办公、创业实训、产业孵化器等科创类设施，以此实现校城内外功能的充分共享。

（5）边界弹性开放

通过入口空间场所化、视觉通廊开放化、边界柔性化等方式促成校园边界从硬质隔断到弹性开放与互动渗透，化线为区，化边界为共生域。

（6）各项机制革新

大学院校更新工作机制上，首先，按需要建立起合理分阶段的目标、制定动态的规划方案并循序渐进地进行弹性

[1] 张冬晖．基于共生理论的校城边界影响域空间效能优化研究 [D]．重庆：重庆大学，2018.

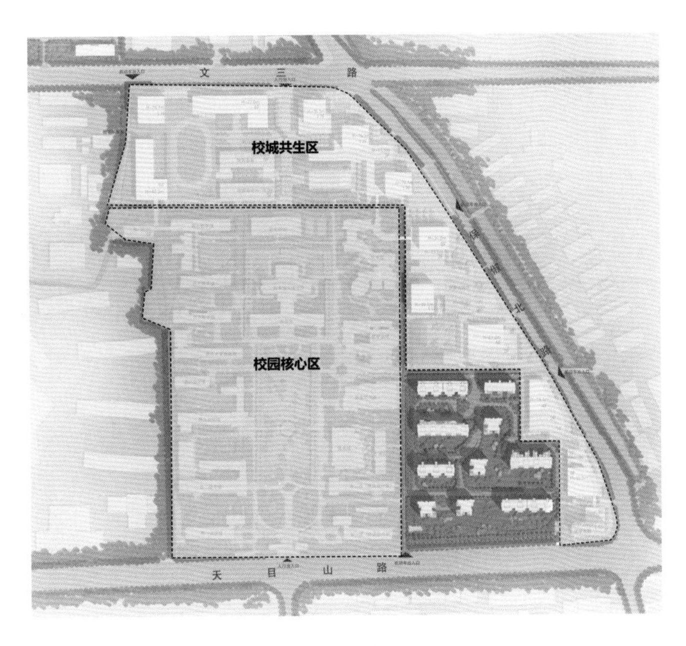

图 1.3-4　浙大西溪校区校园核心区与校城共生区架构

更新；其次，采用疏密结合的布局，通过局部、分区、分期的方式预留部分用地，用于校园的革新发展；再次，在更新过程中应邀请城市及校园受众参与决策及评估校园更新建设；最后，在管理机制和土地机制上，应谋求加强企业、政府、学校的有效协同合作。自 20 世纪 90 年代中期开始，“大学一产业一政府”三方既保持身份独立又紧密合作的创新模式在美国诞生，其三方以经济发展需求为纽带协同运作，在学界被称为“三螺旋模式”[1]。而后，日本等国也积极推动“官一产一学”联合，极大推动了城市资源的高效融合[2]。

[1] 向科，林誉婷．校城一体化观念下的大学校园空间设计研究 —— 以日本大学校园空间设计为例 [J]. 建筑与文化，2021 (07) :87-90.

[2] 陈纵．“两观三性”视角下的当代大学校园空间更新、改造设计策略研究 [D]. 广州：华南理工大学，2020.

1.3.2 校城共生域视角下浙大西溪校区整体更新研探

1. 现状、问题及目标分析

本书以浙大西溪校区整理更新改造作为研究及实践案例。该校区的前身是原杭州大学，最早由创建于 1897 年的求是书院与育英书院组成。其位于杭州市西湖区核心板块，地处杭州高新技术开发区、黄龙商务圈，在区位、交通、环境等方面都有显著优势，是城西科创大走廊和之江艺术长廊的重要策源地和“一城双廊”的交汇点。

随着城市发展和时代变迁，西溪校区在杭州城市的区位关系、功能定位和发展方向都发生了新的变化，结合各方背景，未来也将规划为以发展创新、创意、创业为重点的城校融合示范区，借以重塑老校文脉、提升城市界面、树立示范效应。但与众多城市中心大学老校区相似，当前的西溪校

机动车出入口
文
三
路
人行出入口
H=76.5m
17F
H=27.0m
6F
H=76.5m
17F
H=13.5m
3F
H=76.5m
17F
H=13.5m
3F
地下车库出入口
H=18.0m
保留宿舍
5F
9F
H=40.5m
1F
H=12.0m
保留宿舍H=18.0m
5F
保留宿舍
3F
保留宿舍
3F
H=76.5m
17F
机动车出入口
H=18.0m
5F
西七教学楼
羽毛球馆
H=36.0m
8F
H=13.5m
3F
保
艺术楼
H=18.0m
3F
西七教学楼
图书馆文理分馆
保留训练馆
H=49.5m
11F
H=18.0m
1F
西五教学楼
图书馆
地下车库出入口
教学主楼
H=27.0m
1F
1F
浙江大学出版社
西四教学楼
田家炳书院
西三教学楼
逸夫楼
东横楼
西二教学楼
东二楼（建筑设计院）
西一教学楼
东一楼（建筑设计院）
人行出入口
机动车出入口
天
目
山
路

图 1.3-5　西溪校区整体设计更新方案总图

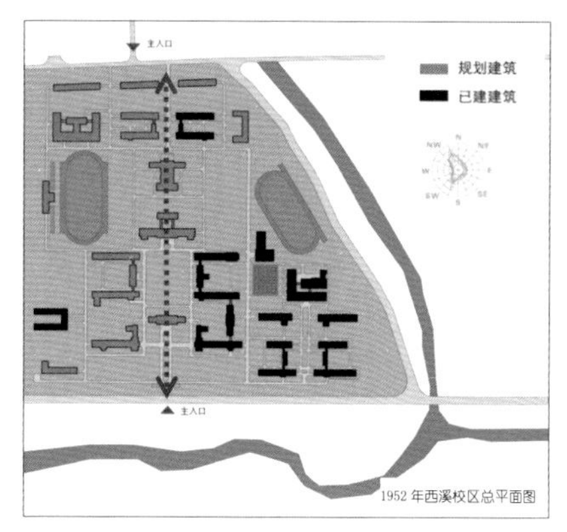

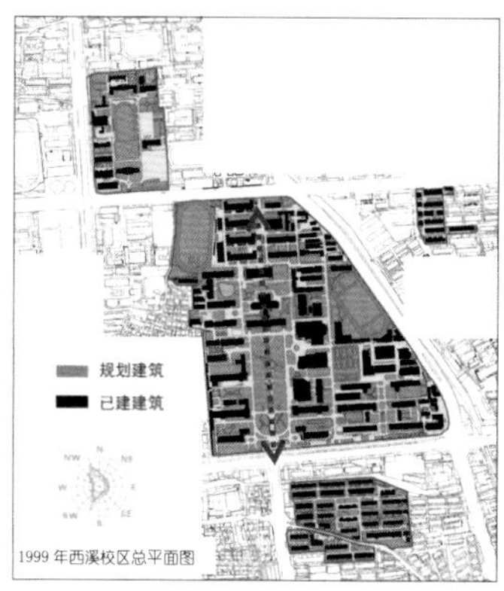

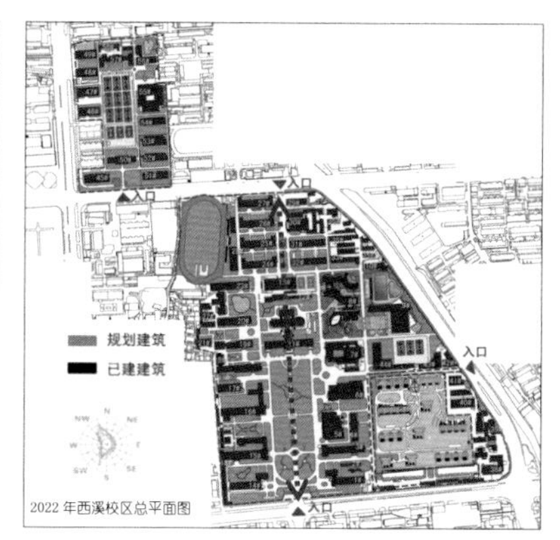

图 1.3-6　浙江大学西溪校区不同时期总平面图（左图：1959 年；中图：1999 年；右图：2022 年）

区同样面临停车混乱、周边用地产权不清、校城边界生硬、局部轴线空间模糊等问题，因此西溪校区的更新亟待实践城校融合新政策，深度挖掘校城的潜力。

2. 校城共生策略研探

（1） 层级架构

在对西溪校区的更新方案中，基于校城共生思想，创新实践了城市中心大学校园可分为校园核心区、基本功能区、校城共生区的新思路，并对不同区域采取不同的更新策略：校园核心区保持容量不变，重点在于优化和梳理空间尺度等，同时内收校园管控边界使其退让至校园核心区周边，保证师生教学秩序；对原基本功能区进行部分拆建，扩展其为基本功能区和校城共生区，并在整体规划前提下充分改造、适度新建（图 1.3-3、图 1.3-4）。

（2）肌理缝合

延续校园历史风貌秩序

浙大西溪校区的建设更新大致经历了三个阶段：初建期（1957 年～ 1979 年）、扩建期（1980 年～ 1999 年）与整合期（2000 年至今）[1]，各自反映其时代特色。

校区始建于 1955 年，根据 1959 年杭州大学总平面图，已建建筑 12 幢，总建筑面积约 3 万平方米，校园主体空间格局已形成，南北向有双中轴线及院落式建筑格局，并有明晰的功能分区。20 世纪 80 年代初，跟随大建设浪潮，校区迎来了一轮扩建，陆续建成新化学楼、田径馆、教学楼、第二食堂、邵科馆等，该时期校区内建筑趋于饱和，原规划中轴线保留，但院落式空间不复存在。自 21 世纪后，西溪校区步入整合期，出现建筑组团，空间向复合发展，拆除了东侧操场，对零散建筑和零落空间重新整合以顺应时代需求（图 1.3-5）。

从 1.0 初建期到 2.0 扩建期，再到 3.0 整合期，校园整体中轴格局得到了保留，南北向延伸发展，但东西城市界面始终消极。新的整体规划充分尊重历史沿革、保留原有秩序，在此基础上着重对校城关系与边界空间进行优化梳理（图 1.3-6）。

[1] 朱睿，殷农．浙江大学西溪校区空间及建筑演变 [J]．华中建筑，2011，29(03)：121-127.

图 1.3-7　西溪校区整体设计更新方案效果图

城市母系统和学校子系统的肌理缝合

将城市与学校视为两个共生的母子系统，打破原有校城独立的惯式，尊重现有的校城肌理，使彼此在空间格局、建筑风貌上相互衔接。本案将肌理缝合的重点定位于东侧与北侧的校城共生域：该两侧建筑朝向城市道路开放，风貌上充分衔接城市肌理；沿东侧的新建建筑则适当内退城市道路，留出楔形广场空间及绿化空间，形成城市缓冲空间。除此之外，改变现有校园完全封闭的状态，将校园核心区外围道路向城市开放，缓解城市交通压力，最大限度地做到校城共生与肌理互通。

优化调节空间尺度

对校园核心区与城校共生区进行拆建分析，在此基础上优化空间尺度，并为其打造新的校园风貌。校园核心区的优化整理包括拆除西侧冗杂厂房；优化梳理校园车行流线，使主要车行道路沿着校园核心区外围布置；改造部分建筑，如逸夫楼、东横楼等，让校园形象更为完整。城校共生区的综合打造则包括拆除杂乱建筑；改造体育综合楼；新建科创中心、校地研究院总部、继续教育综合大楼、服务配套等，增加容量，提升经济效益（图 1.3-7）。

（3）交通梳理

基于层级架构下的校园核心区与校城融合区构想，校园交通与城市交通能够实现更好的衔接，边界封闭所造成的交通拥堵也能得到缓解。校园车行流线经过重新梳理布置于校园核心区外围，优化交通效率同时为区域间提供缓冲边界，并降低对核心区的干扰。城校融合区道路对城市开放，缓解城市交通压力的同时，引导将车停在附近的地下车库，以步行流线穿梭于城校融合区内，营造可逛、可停留的城市街区风貌。

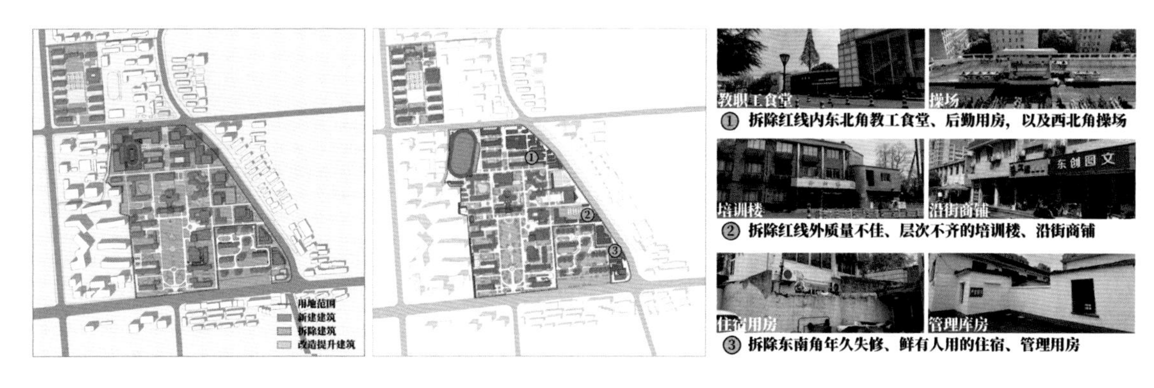

图 1.3-8　西溪校区整体设计更新建筑拆改与空间优化

由于西溪校区现状用地范围内没有地下停车库，且缺乏集约布置的地面停车场，因此在规划中将结合运动场和新建的校城融合区设置地下停车库，尽可能以大量的地下车库设计结合少量的地面停车位、立体停车位解决停车问题。同时将地下车库尽量安排在靠近校区入口区域，最大程度减轻内部车行交通的压力（图 1.3-8）。

（4）功能共享

西溪校区充分整合政府、高校、企业等资源，聚焦数字经济、艺术文化等重点领域，使校城融合区的功能业态契合校园与城市周边的发展定位。

对校城共生区内的原有篮球馆、体育场等文体空间及宿舍、食堂等生活空间进行更新并在管控下适度开放。新建商业、会议交流中心等生活空间，高端继续教育综合体等教育空间，产业孵化、创业实训、数字经济实验室等科创类空间；新建艺术文化展览等文体空间推进西溪校区创新设计的特色化布局，重点发展建筑设计、创新设计、艺术设计等艺术类学科群和设计类学科群，充分激发西溪校区的文化创新活力，发挥价值引领和文化引领作用，重点突显设计创意文化特征。以期构建充满创新活力的校城共生区域，实现让城市亲近大学、让大学赋能城市的目标，将西溪校区打造成为杭州城西科创大走廊重要的东部延伸示范区和西湖区科技创新的新引擎，实现之江艺术长廊和城西科创大走廊的交相辉映（图 1.3-9）。

（5）边界渗透

历经几十年发展，西溪校区校城边界始终处于消极封闭的状态，尤其是东侧界面，现被大量棚户区与零散闲置空间占据，并由连续的硬质围墙隔断。在校城共生视角下，引入共生域概念，通过边界渗透逐步改变现状（图 1.3-10）。

空间渗透

本案将校城边界空间打造为校城共生域并进行了统一规划：为改变西溪校区完全封闭的现状，首先依旧是将校园核心区外围道路延伸至城市，在缓解双向交通压力的同时形成边界上的“开口”；其次，尊重校园建筑肌理，使沿保俶北路的新建建筑南北排布并退让城市道路，预留出零散的楔形广场空间及绿化空间供休憩停留；以此形成了连续长达近 1km 的开放城市界面与校城活力边界，实现边界的有机渗透

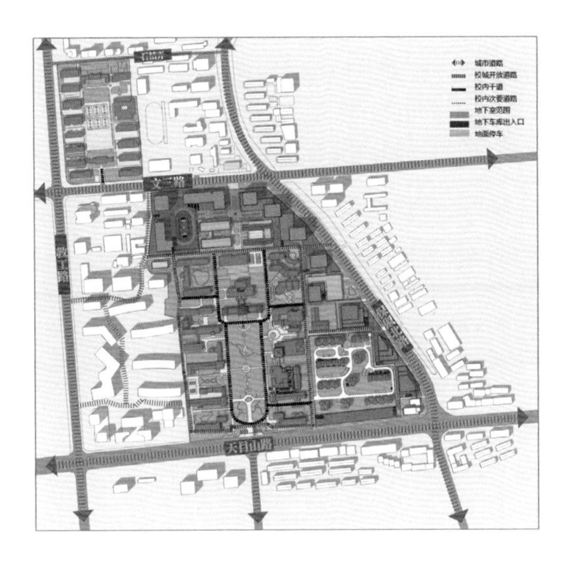

图 1.3-9　浙大西溪校区交通道路与停车规划分析

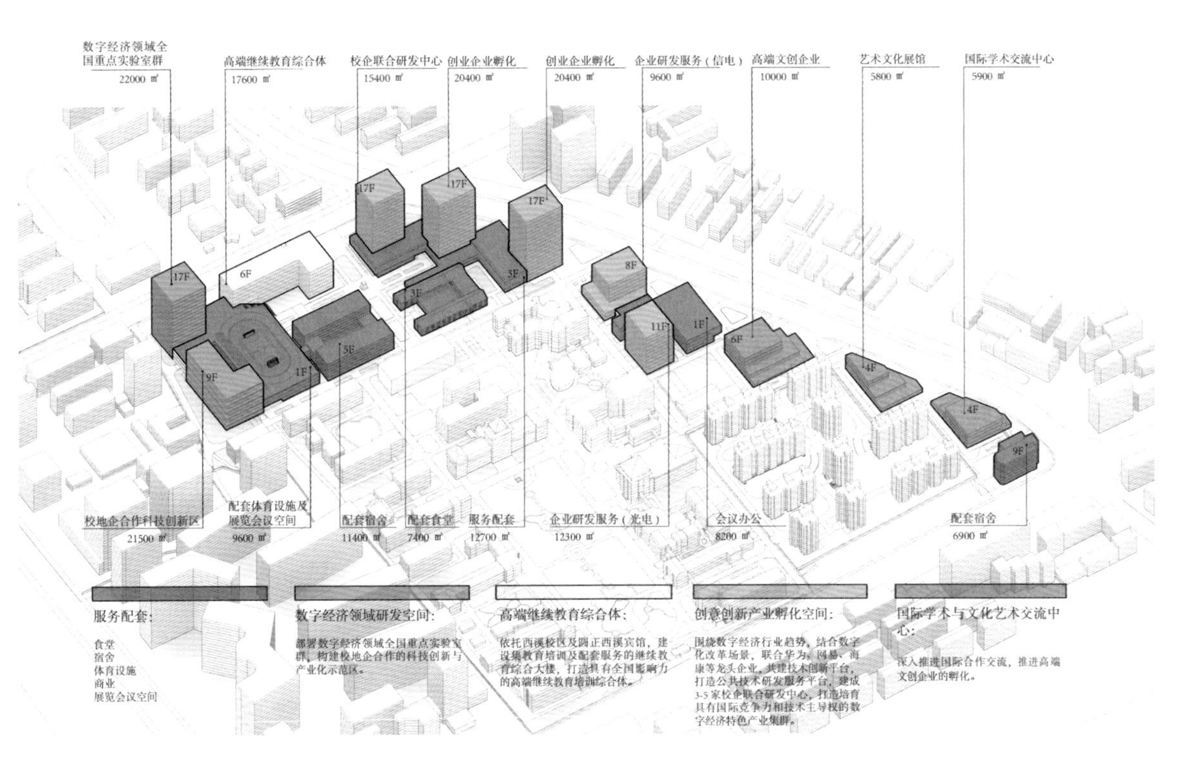

图 1.3-10　西溪校区整体设计更新方案功能设定

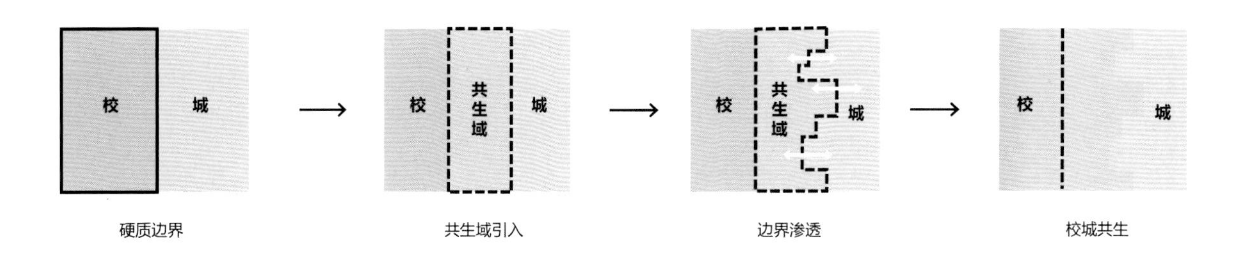

图 1.3-11　浙大西溪校区交通道路与停车规划分析

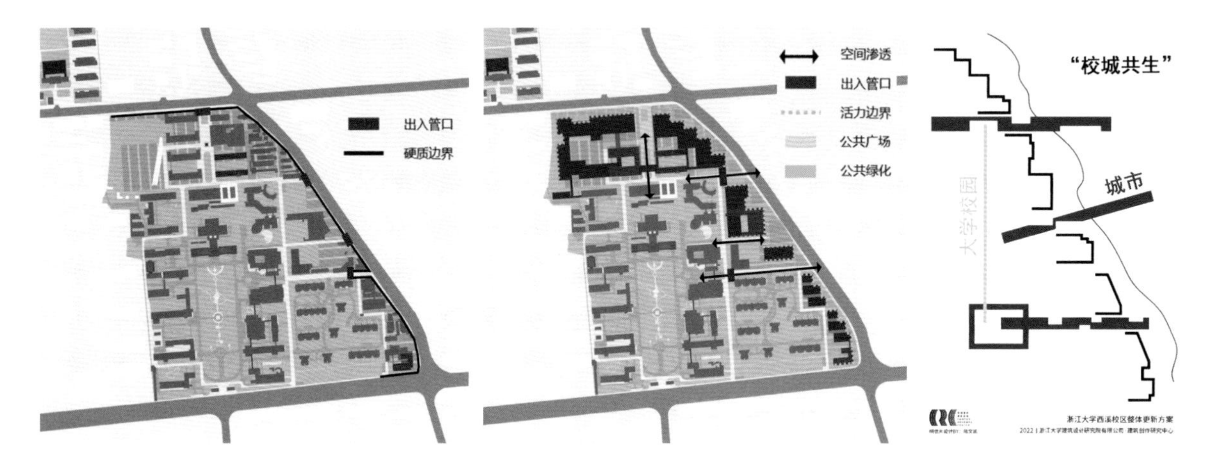

图 1.3-12　浙大西溪校区交通道路与停车规划分析

（图 1.3-11）。

景观渗透

城校共生区的景观梳理分为外部城市景观梳理和内部校园景观梳理，并使校城景观能相互衔接与渗透：在保俶路的校城边界上通过建筑退界形成的绿化景观带，能一路往南延伸到西湖景区，形成连贯的城市绿化景观空间，塑造有记忆、有历史、有生活的城市景观风貌；在城校共生区内部，围绕新建建筑的道路景观，围合中庭、屋面绿化等，与校园核心区现有的公共景观共同串联起西溪校区优美闲适、尺度宜人的整体景观环境。

（6）机制革新

西溪校区更新遵循弹性更新、循序渐进的设计原则，采用"统一规划，分步实施"的路径设计。一期优先对东区较为影响城市形象的界面进行拆建，并对宿舍及食堂等进行更新；二期对西区操场等进行拆建，新建继续教育综合体及数字经济实验室等创新功能区。同时在建筑组团及单体平面内采用灵活可变的设计方案，并预留室外师生活动空间，在需要扩展时进行加扩建，满足校园与城市共同持续性生长的

图 1.3-13　西溪校区整体设计更新方案效果图

新模式需求。

在土地所有权、建设经费、管理模式、运营方法上，该实践研究充分整合学校各院系、教育厅、市区政府及浙大各校友企业等资源，探索“官一产一学”三螺旋模式，大学、产业、政府三方以经济发展需求为纽带协同运作，通过合理组织结构和机制设计，让三方资源有效共享、知识信息快速沟通、充分发挥各自优势，形成螺旋上升相互促进的关系，并在策划、设计、建设、运营等全过程中实施动态评估（图 1.3-12、图 1.3-13）。

1.3.3 结语

大学与城市的互动，是一种责任，也是一种态度。大学与城市密不可分，两者长期共处并以各自的形态、结构和功能表现出它们存在的社会意义[1]。大学校园既是城市先进文化传播者，也是区域创新的驱动器，更是高品质生活方式的示范区；城市则是大学的时空载体，为大学提供土地资金、产业转化、商业配套、就业服务等资源。当代校园的建设与更新，应力求构建校城一体化体系，探索大学与城市共同成长的新模式。

从校园空间形态的演变过程中可以看出，校园空间或

[1] 董丹申．情理合一与大学精神 [J]．当代建筑，2020(07)：28-32.

许并不存在最佳的理想状态，从历史、现在到未来，逐步推演的状态是校园在基地环境中生长并将历史信息传承下去的必经历程[1]，多元平衡的动态格局是校园精神的本源所在，也是 UAD 在广泛而长久的实践中，逐渐体现出的一种针对校园建筑的设计哲学。

[1] 沈济黄，李宁．建筑与基地环境的匹配与整合研究［J］．西安建筑科技大学学报（自然科学版），2008(03):376-381.

注：

1. 本节来源于《校城共生视角下的校园更新设计研究 —— 以浙江大学西溪校区为例》，发表于《华中建筑》，文章作者王静、 陆文凯、董丹申、贺勇。

2. 图片来源于陆文凯、王静、浙江大学建筑设计研究院有限公司建筑创作研究中心。

3. 本节由 CRC 团队编纂整理。

图 1.4-1　CRC LOGO 设计

1.4 教研共融

1.4.1 研究综述

1. 背景及现状

工程教育回归实践成为近年来国际工程教育改革目标的聚焦。2017 年，国务院办公厅发布了《关于深化产教融合的若干意见》，将产教融合上升为国家教育改革和人才资源开发的基本制度安排[1]。建筑学学科作为典型的工程实践性学科，其教育理念亦从早期的传统经验灌输式，逐步转变为以理论与实践相结合为导向的新型教育模式。建筑学教学原有的“教师一学生”的两点关系，则被重新设定为“教师一学生一设计师一甲方一研究者”等多方互为循环、相互促进的关系，促使建筑学院及设计团队拓展出以产教研一体化的人才培养模式的新视野。在设计生产实践方面，国内各大设计企业主持的诸多校园更新改造设计项目正在开展或已经落地，众多设计经验等待整合归纳。在建筑学教育领域，现有的产教研一体化模式不免流于形式，鲜有能将各方资源真正整合提升并有效反馈助力各主体的典型实践案例（图 1.4-1）。

2. 对象及意义

与此同时，大学校园作为知识传承的场所与社会文化进步的象征，是创新人才培养的重要载体。我国的大学校园建

[1] 李连影．基于“虚一实一创”协同提升的应用型人才培养模式构建与实践 —— 以环境设计专业为例［J］，2023，43(05)：76-80.

图 1.4-2　校园更新系列课程海报

设热潮始于 20 世纪下半叶，从过往的增量转为存量发展时代，研究重点从注重形态与量的增加到内涵与质的提升[1]。近年随着高等院校教育体制的持续改革，多数大学校园的老校区都面临着基础设施陈旧、规划不合理、环境杂乱等问题，难以满足当下新型人才培养模式的需求。如何搭建并依托产教研的综合创新平台，对于大学校园这一高等人才培养的重要载体进行改造更新，打造具有自身风格的校园建筑景观、实现文化与环境的协调统一，同时又结合建筑学教育的特点，实现创新人才培养的目标，具有重要的现实意义（图 1.4-2）。

1.4.2 实施路径及目标

1. 产教研主体分析

“产、教、研”一体化是企业、高校、科研机构三方优势互补的合作行为，旨在合理利用三方的优势，为学生提供全方位综合性的平台，并形成一种成熟的运行模式，使三方可以高效地结合在一起，提高教学质量、生产效率和科研产力。基于产教研一体化模式，在建筑学教育、实践及研究的背景下，以校园更新主体为载体，研究先逐一分析其各方的原始优势资源及现有局限。

教学——传统建筑学教育的主体为“师”与“生”。

[1] 范晓剑．大学老校区更新与发展 [D]．上海：同济大学，2007.

	主体	受众	优势资源	现有局限
教学	老师	学生	1. 专职梯队研究人员 2. 学术性研究活动	传统建筑学教学体系单一，教学资源单一
生产	设计师	甲方	1. 实践案例及经验 2. 专业设计团队及其经验	缺乏专职研究人员技术总结及研究提升
研究	老师 / 学生 / 设计师 / 甲方		1. 以产学为依托的研究活动有效整合教学和生产活动的团队及资源，总结生产技术及经验，同时整合教学的学术资源	避免拘泥于理论空洞缺乏应用性的研究，和缺乏总结提升的“设计说明式”研究

表 1.4-1　建筑学产教研优势资源及局限分析

其优势资源包含丰富的梯队型的专职科研人才长期开展学术性较强的建筑学相关研究活动。以校园更新设计领域为例，传统建筑学院团队开展了如建筑改造设计方法论、校园规划原理、校园行为心理学、绿色校园、健康校园、校城一体化等领域的研究。同时传统的建筑学教育模式容易陷入教学体系单一、理论与实践脱节、教学资源单一、缺乏与行业企业协同建设课程资源机制等局限，导致建筑学学生知识结构不合理，岗位胜任力弱，不利于学生能力培养工作的全面开展。

生产——传统设计行业活动的主体为“设计师”与“甲方”。其优势资源包含设计项目落地所需要的各设计团队，以校园更新领域为例，涉及的人员包含且不仅限于如校园规划、建筑、结构、设备、精装、景观、古建保护、消防、无障碍、建筑经济等各专业设计团队，及其诸多校园更新实践经验、设计规范、施工现场、落成案例等。但同时，在我国的大建设背景下，多数设计企业设计师专注于设计生产工作，鲜有同时兼有一线设计师经验及学术研究能力的专职人员，有计划性地开展针对设计案例的技术总结及研究提升工作。

研究——研究是将建筑学教育与实践有效整合起来的重要方式。其主体范围广泛，既包含教学活动主体的师生，亦可以是生产活动主体的设计师甚至甲方。通过以产教为依托的研究活动将教学和生产的团队、资源整合起来，总结生产技术及经验，同时整合教学学术资源。研究活动的介入将建筑学教学及生产原有的“教师—学生”“设计师—甲方”的两点关系，重新设定为“教师—学生—设计师—甲方—研究者”等多方互为循环、相互促进的新型复合关系。

2. 实施路径

通过上述分析，基于对产教研一体化新型模式深度探索的校园更新改造设计方法包括以下步骤（图 1.4-3）：

步骤一：围绕校园更新改造设计内容，提炼产教研各自领域现有或潜在的原始资源（表 1.4-1）。

步骤二：整合相关资源，集合设计师和教师等人员，发挥各自优势展开科研活动，并形成校园更新设计标准、专著、研究报告、知识产权等内容，通过技术总结回馈设计生产活动。

步骤三：分别开展涉及全过程的设计课程体系以及有大量理论支撑的设计生产活动。一方面，学院老师联合一线设计师开展建筑学联合教学，创新的设计课程将帮助建筑学学生针对日常所处的校园空间，深入了解其从策划、规划、设计到实践落地的项目设计全过程，充分体验从校园规划到单体建设，从图纸设计到实体空间，从设计概念到工程技术

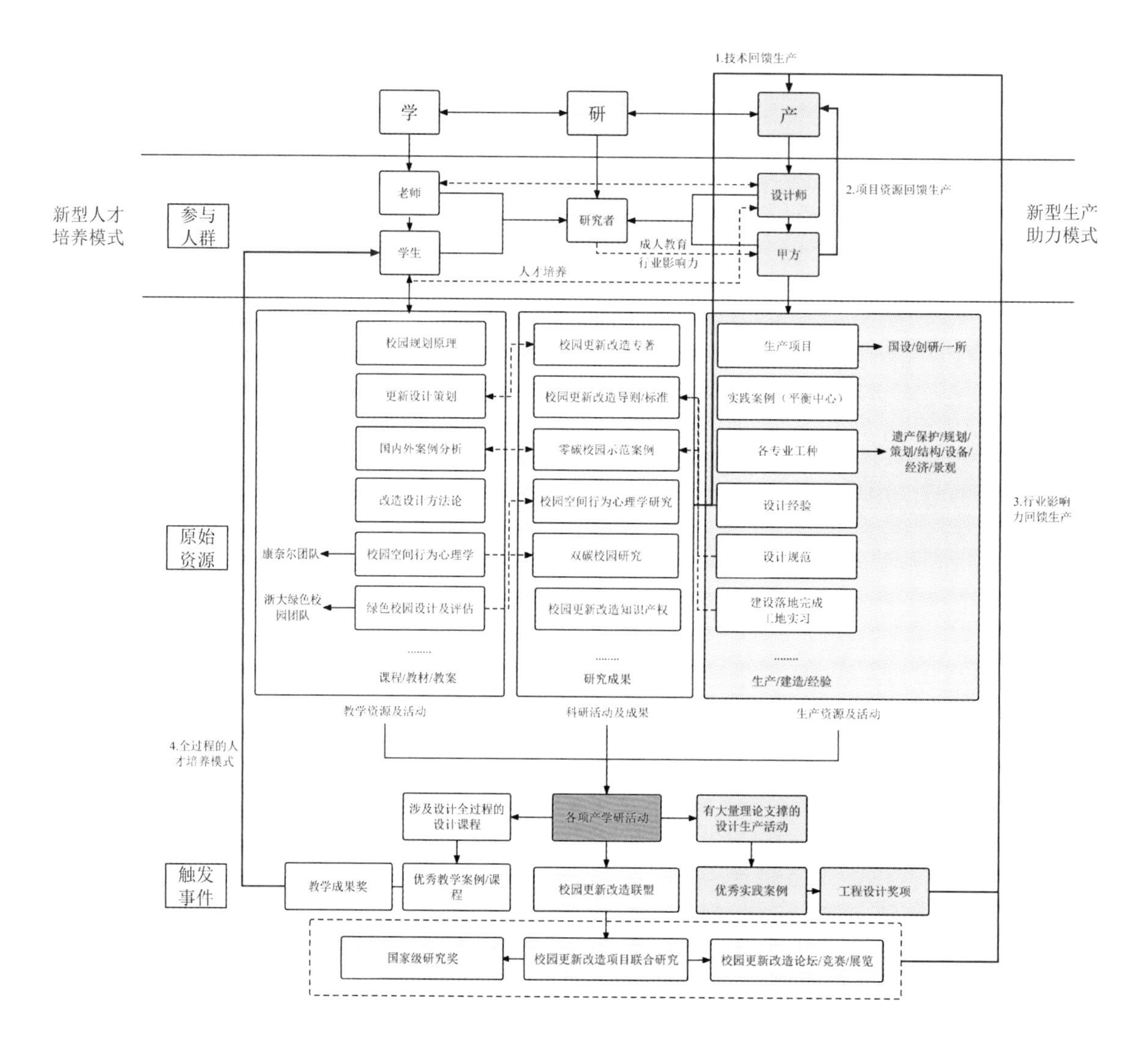

图 1.4-3　建筑产教研一体化路径图示

图 1.4-4　校园更新展览海报

的差异及联系，实践一种差异化的创新建筑学人才教育方式。另一方面，设计师联合学院老师参与工程实践，将设计理论、技术措施、研究成果等运用于设计实践，提升项目质量和行业竞争力。在此基础上进一步争取优秀教学案例奖及优秀工程实践奖等奖项，并最终争取获得国家级研究类奖项。

步骤四：在全国范围内形成校园更新改造联盟，联合设计企业及高校建筑系开展论坛、竞赛展览等活动，打造线上校园更新技术板块，策划媒体成果发布及校园更新技术品牌宣传，提升设计院行业影响力及建筑学专业声誉和国际影响力，助力生产实践及建筑学教育和人才培养（图 1.4-4、图 1.4-5）。

3. 实施目标事件

在此路径条件下，以浙江大学校园更新改造设计为例，开展建筑学产教研一体化新型模式深度探索与实践，阶段性的目标可包括但不限于以下内容：①开设涵盖设计全过程培养的创新设计课程（教）；②主办国内外设计竞赛 / 论坛 / 展览（教）；③由设计团队牵头形成全国范围的校园更新改造设计联盟，提升行业影响力（产）；④开展联合研究，发布论文、知识产权、著作等研究成果（研）；⑤通过编写校园更新改造设计导则及技术措施，助力校园更新改造设计实践项目（产）；⑥与国内外相关建筑学高校、研究团队、设

图 1.4-5　校园更新展览现场

计团队等开展国际会议、研究及教学项目（境外合作）；⑦与继续教育学院合作，促进对社会的成果输出，反向助力生产（产）；⑧探索媒体成果发布，品牌宣传等。

1.4.3 校园更新探索实践

1. 资源分析

在高等教育改革不断深入的新形势下，浙江大学始终秉持着“主动合作、智力输出、互利互惠、实现双赢”的原则，坚持与社会各界机构与企业建立起产教研合作关系。而作为综合性一流大学背景下的建筑学科，浙江大学建筑学专业以“全面养成”“理工艺文”兼修作为人才培养目标，大力培养学生的创新性思维能力、探究性思辨能力、研究性设计能力，为未来培养具备宽知识背景和多元适应能力的、具有全球竞争力的创新复合型卓越人才，搭建产教研结合的综合型平台。

与此同时，浙江大学建筑设计研究院有限公司（以下简称 UAD）成立 70 年以来始终坚持与浙大学科共建共赢，助力学校“双一流”建设目标的实现。同时 UAD 多项校园更新改造设计项目已经落地并获得多个设计奖项，诸多宝贵设计经验等待整合归纳提升。

2. 触发事件

为应对大量校园待更新的历史进程及建筑学教学与生产双方的需求，UAD 成立下属产教研平台——校园建设及更新研究中心（Campus Renewal Center）。其充分沿袭 UAD 平衡建筑的设计理念，坚持与时俱进、植根本土、有源创新，使校园更具开放性和包容性，最终达成校园与城市、校园与生活、校园与历史、校园与艺术、校园与自然、校园与技艺的动态平衡，从而实践一种“和合共生”的城市校园新理想。借用 CRC 这一三方的综合平台，整合各方的学术、

事件类型	具体内容	参与主体					
		CRC	老师	学生	设计师	甲方	政府
品牌建设推广	校园更新主题展览 （和合共生——城市校园新理想）	○			○		
	自主研发并发布 CRC Logo 设计及周边产品	○			○		
	宣传推文陆续推送 1.校园新理想· 序言——寄语 2.校园新理想·先锋——前言思想 3.校园新理想·共生——设计实例 4.校园新理想·技艺——科研成果 5.校园新理想·事件——学术活动	○	○		○		
	发布 CRC 宣传册	○			○		
研究	发布校园更新专著	○	○	○	○		
	陆续发表校园更新科研文章	○	○	○	○		
	发布校园更新知识产权	○	○	○	○		
新型助力生产模式	联合国内知名建筑设计及教学团队，开展全国性校园更新主题会议	○	○	○	○	○	○
	成立浙江省校园建设协同中心	○			○	○	○
	开展面向教育部及高校基建处负责人的继续教育课程	○			○	○	
	发布校园更新设计导则及标准	○	○		○		
新型人才培养模式	“再建筑”校园更新联合设计课程	○	○	○	○		
	《大不自多——未来校园的世界观》建筑系大三设计专题课程	○	○	○	○		
	“再建筑”校园更新案例参观及讲座	○	○	○	○		

表 1.4-2　CRC 产教研一体化活动列表

技术及人力资源，分步开展各类事件。

3. 校园更新研究技术策略

研究方面，团队依照 UAD 在广泛而长久的实践中逐渐体现出的针对校园建筑的“和合共生”的设计哲学，对大学校园更新改造策略进行了梳理归纳，拟形成一套相对完善的方法体系，双向激发校城活力，为城市中心区校城边界空间更新提供更普适、具体、深入的方法理论和实践优化策略。

4. 阶段性成果

借用“产、教、研”一体化的新机制，通过以上事件的开展，将设计院、高校、科研平台三方高效结合在一起，优势互补，相互作用，同时提高了教学质量、生产效率和科研产力。CRC 的实践，作为主要的纽带进一步建立了设计企业一线设计师与学院顶尖科研团队的联动关系，有效探索“学院—中心—企业”高水平研发与人才培养复合化的创新模式（表 1.4-2，图 1.4-6）。

1.4.4 结语

校园空间并不存在最终的理想状态，从历史、现在到未来，逐步演变的状态是校园在基地环境中生长并将历史信息传承下去的必经历程[1]。校园建筑要“合情合理”，建筑师更要“通情达理”[2]。本研究旨在寻找与实践切实可行的建筑学产教研一体化路径，提升设计院行业影响力及建筑学专业声誉和国际影响力，助力生产实践及建筑学教育和人才培养，并为既有大学校园建筑的更新设计提供借鉴。本研究所针对的大学校园建筑面广量大，对于我国校园环境的整体提升具有重要意义。同时，由于大学校园的改造设计与其他类型建筑设计有许多相似之处，因而本研究对于我国建筑学中其他类型的设计专项开展产教研实践活动亦具有积极的借鉴意义。

[1] 沈济黄，李宁．建筑与基地环境的匹配与整合研究[J]2008(03)：376-381.

[2] 董丹申，刘玉龙，刘淼，等．校园建筑：情理演变与人本反思[J]．当代建筑，2021(08)：6-12.

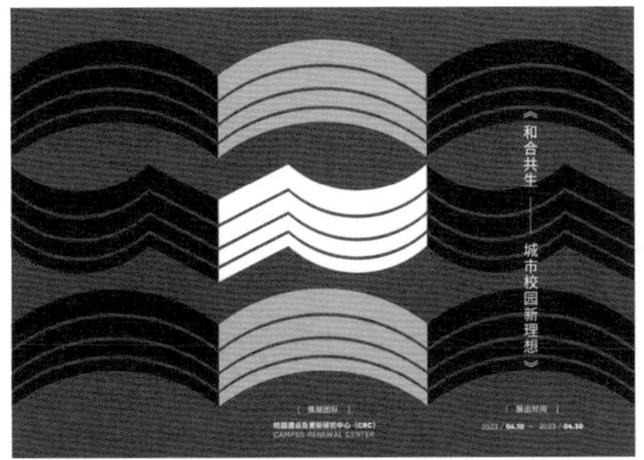

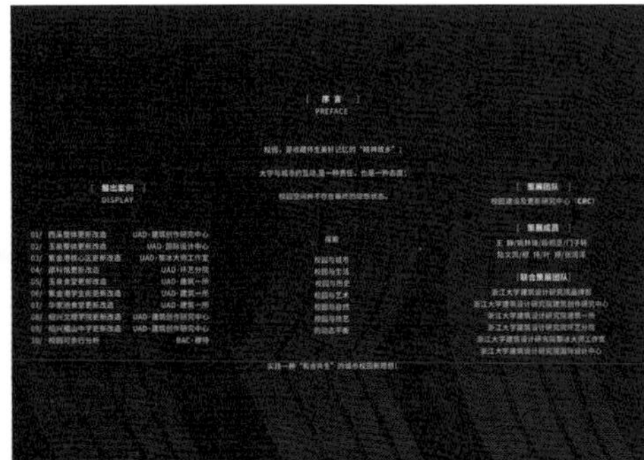

图 1.4-6　CRC 周边

注：

1. 本节来源于《基于建筑学产教研一体化新型模式下的大学校园更新设计》，刊登于《世界建筑》，文章作者王静、段昭丞、董丹申、王健。

2. 图片来源于 CRC 团队。

3. 本节由 CRC 团队编纂整理。

REBORN

INHERITANCE

图 1.5-1　浙江大学西溪校区逸夫科教馆更新明信片设计（图片来源：段昭丞）

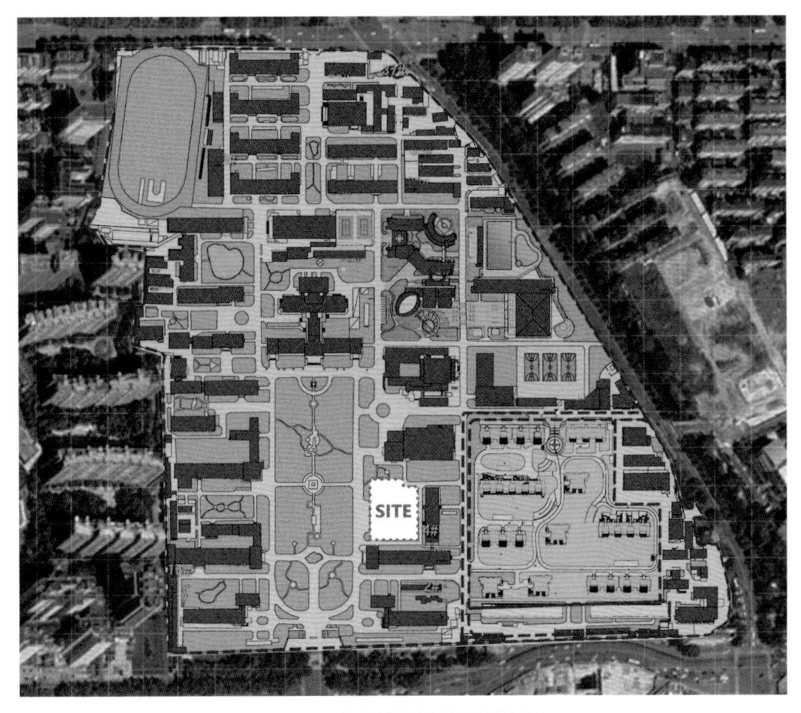

图 1.5-2　逸夫科教馆与校园整体关系

1.5 形器共筑

引言

大学是传授知识的场所，作为人才的摇篮，兼有养成人性、启迪心智之使命。随着经济快速发展，高校的发展面临多元化和国际化的转型，产教研结合逐渐成为推动创新与发展的重要模式。高校中的文教类建筑作为三者的空间载体，也需跟随当下的需求进行更新。然而，近年大量校园更新案例，多集中于部分使用者的使用需求，少与学科发展所提出的发展政策产生关联，更鲜有同时满足生产、教学、科研三大功能的建成案例。因此，本书在产教研结合的背景下研究此类建筑的改造方式，通过对设计的溯源，梳理建筑在其周围环境中的定位，研究其如何通过空间、文化的塑造使其融入场所，成为环境中不可或缺的部分，达到多维度、不同元素之间的共生。

1.5.1 缘起

浙大西溪校区位于杭州市西湖区，至今已有八十年历史，是典型的城市中心高密度校园。以教学功能为主的传统校园在城市中更多地表现为内向性与对立性，而将来以产学研基地和国际商务人才服务中心相结合的校园将更具开放性，在对其进行更新设计时除了在规划上对功能组团之间的空间过渡与衔接、功能组团内部的微环境营造外，更应从单

平衡建筑研究中心

图1.5-3　校园与自然共生

图 1.5-4　浙江大学西溪校区逸夫科教馆主入口实景图

体建筑的改造出发，充分梳理其发展脉络、历史价值，以点带面地带动区域的更新。

逸夫科教馆位于西溪校区中轴线东侧的历史建筑群（图 1.5-1、图 1.5-2），于 20 世纪 90 年代由邵逸夫先生出资修建，4 层混凝土框架结构，主要承担着学校艺术系办公、电教中心等功能。东面和南面分别与杭州市第二批历史保护建筑东横楼（原浙江师范学院教学大楼）、东二楼（原浙江师范学院地理教育楼）相邻，两者均为 3 层高的内廊式坡屋顶式建筑。由于年代久远，原有建筑中的使用单位搬离，同时原有建筑内尺度过于拥挤，不能在产学研结合背景下，满足学科发展需求，急需改造。

1.5.2 文教类建筑改造设计原则

建筑从设计、建造，到使用的过程亦是一种场所塑造，建筑师富有情感，将其对历史和人文的关怀转化成为饱含诗意的空间，通过理性的建造将其转变为实体，情理之间，和合共生。文教类建筑具有其独特的教育和发展意涵，产教研一体化的背景下，建筑承载着更高的功能要求，建筑本身更应负载哲理于直观之中，通过空间的重塑、文脉的传承，最终达到新的共生（图 1.5-3、图 1.5-4）。设计需兼顾共生性、人本性、渐进性三方面的原则。

1. 共生性原则

“共生”这个词源自于生物学，21 世纪初渐渐发展为建筑学意义的概念，即表现出来在特定语境下，不同元素之间的组合达到的和谐状态。在更新过程中，建筑与环境、空间与人的关系不断发生变化，也向建筑师控制设计的能力发起挑战。在此过程中，不同元素产生交融，发生有机反应，

图 1.5-5　原始屋顶与中庭（上图）　　图 1.5-6　逸夫科教馆的历史脉络（下图）

从旧的、矛盾的组合转变为新的、共生的整体（图 1.5-5）。

2. 人本性原则

人本性原则，即以“人”为宗旨进行改革创造。建筑的价值从本质上讲是一种超越性的生命价值，通过挖掘建筑本身所在历史阶段中扮演的角色，梳理其与人之互动关系，适应周遭环境的变化，延续其生命周期。更新后的建筑承载了新的功能和使命，但与新建不同，建筑的原始使用者也需从其细节中与过去产生联系，需要设计者与老建筑产生“对话”，接纳与传承，改革与创造，绽放“新生”。

3. 渐进性原则

渐进性原则，即建筑师在建造过程中不断更迭，不断对改造产生新思考的过程。建筑改造从设计到施工往往不是单线进行的，在实际建造过程中会发现原来的材料、空间在拆除后会散发出独有的魔力，一些普通的砖石，重新利用，可以形成新的景观墙，成为装饰设计灵感来源。一些窗，在打破之后呈现出独有的框景，稍加装饰，呈现新景象。屋顶的历史构造，围上新的材质，会形成独特的记忆点。建筑师无法在没有对建筑进行充分理解、充分结构的情境下完成自己的创作，因为更新，是人与物共同作用下的成果（图 1.5-6）。

1.5.3 设计实例

项目在“产教研结合”的背景下进行总体构思，所探讨的不仅仅是对其自身的微更新，希望以点带面，结合周边已有教育、科研、产业建筑，整合形成学科建筑群，充分利用西溪校区作为城市中心校园的地理优势，宣传学科教育。整体设计贯彻了“空间赋能，文化予新”的概念，即通过创造外部空间节点，保留建筑原始风貌，置换内部空间，传承

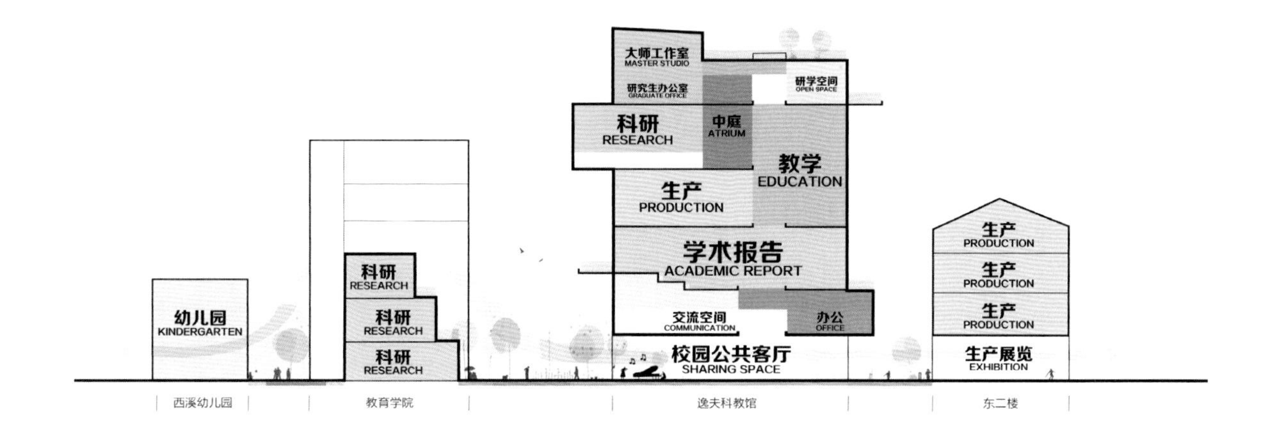

图 1.5-7　产教研结合在空间上的多维共生

多元文化，重塑了人与物之间的关联，以达多维共生（图 1.5-7）。

底层半开放空间作为校园公共客厅，辅以大量开放布置的沙发桌椅，以半透明的展陈空间，宽敞开阔的入口门厅，与周边校园生态景观、幼儿园、退休老干部中心等协调，使建筑与整体环境在日常使用层面产生交互，共融共生。内部主体加入生产、科研、教学三大主要目标主题功能，保留和改建原始通高中庭，在教学上，通过内置设计院的大师工作室、总师办公室、研究生导师办公室、学术报告厅、新材料展区等，打造独有教育氛围。在科研上引入无障碍研究所、结构研究所等前沿科研单位，生产上将部分专业院所的办公地点设置在逸夫楼的一层和顶层，三大功能在布置上相辅相成，紧密融合，通过中庭钢琴的声音作为媒介营造的场所氛围，形成良好的产教研内部空间，让学生更好地靠近导师，靠近导师的工作室、专业实验室，多角色在同一物理环境下工作，增强日常的交流与合作，以共融共生的状态面对未来不同挑战。最后，外部设计院的生产空间和校区原始的教育科研单位等产学研资源，通过公共客厅、生产展览、交流空间引入逸夫楼内部，使整栋楼作为校园的产学研结合中心，恰如一栋“现代书院”，推动教育资源的整合，促进产教研一体化共融发展（图 1.5-8）。

1. 空间赋能 —— 功能与场所共生

由于逸夫科教馆最早主要作教学使用，内部空间流动性较差，为了保证教学功能不受到干扰，内部与中庭采用了砌体加窗户的分隔，使得两者之间较为割裂。为满足建筑设计生产部门的工作需求，产出建筑规划相关学科高水平论文，

图 1.5-8　浙江大学西溪校区逸夫科教馆更新后现状（图片来源：赵强摄）

图 1.5-9　交通空间更新

图 1.5-10　逸夫科教馆与植物形成呼应

培养多方面全面发展的高素质人才的产学研发展模式，建筑从功能与场所需求进行内部更新（图 1.5-9）。

建筑学生与逸夫科教馆有着独特和有趣的用户关系。学校是学生最先学习阅读和理解建筑的地方，逸夫科教馆正是典型的范例，它能帮助新设计师掌握结构、细节、材料的性能和相互作用。因此，考虑到产教研结合的目标，为应对生产实践、科研实验、教育教学中所具备的案例分享、模型展示、学术讲演、构造空间、展览空间、物理环境的需求，设计师进而将其转化为分别所需要的实体空间。平日使用中，科教馆的使用人群从最早的老师学生变成了如今的设计师、老师、学生，针对他们使用的习惯、需求不同，设置生产、科教、研发不同的功能空间，并通过中庭进行串联（图 1.5-10）。针对设计师，将其空间尽量放置于靠近建筑入口的位置，增加其与另外两个生产建筑的联系，减少其通勤时间，同时靠近一层中庭的位置设置展厅，方便到访人员参观过后可以与建筑师进行交流。针对老师，将大师工作室、结

图 1.5-11　底层展演空间

构研究室等放置在靠近中庭、学生办公室附近，以方便平时与学生和其他科研工作者的交流。而对于研究生办公室，则放置于科教馆流线末端，将单独的一层予之使用，中间通过通高的中庭与其他空间产生联系。

更新后的逸夫楼在不同使用者中关联共享，满足不同需求的状态下平稳运行，得益于其高效率的流线安排。设计通过保留建筑三个主要垂直流线，同时增设全透明的竖向电梯，保证交通的便捷性，同时也增强了 10m 高的中庭空间的通透感和仪式感。日常使用中随着钢琴声响起，中庭是一个让人内心平静、悠然自得的空间，当有正式的学术讲演等需求时，配合背后的深色木饰面板，同样能给人以庄重、典雅之气质。功能与需求在此共生（图 1.5-11、图 1.5-12）。

2. 文脉延续 —— 历史与当下共生

历史是阶段性的，但是从始至终也在连续发生。同时，历史建筑与处在当下的时代，一直有着难以割舍的联系。我们不应漠视这种关系，而是应该将这些联系转换成继续使用

图 1.5-12　报告厅中裸露的顶部构造

图 1.5-13　内部大量开放空间

图 1.5-14　建筑师的构造作品

的空间，让它们有机结合，密切关联。

在立面材质上，逸夫科教馆与校园主轴线中的图书馆以及其他年代相近的建筑用料相同，均为细长状白色瓷砖。这种外立面的白色随着时代发展演变至今，往往会变成简单的混凝土抹灰及涂料。设计将其保留下来，只因其代表了那个时代的特征，能够唤起一代人的记忆，可以触摸到、感受到跨越时空的材质之美。同时，为了使其更加简约大气，将原来的黑色勾缝替换成了白色，以增强立面设计的整体性（图 1.5-13、图 1.5-14）。

在景观微空间环境的重塑中，建筑保留了大量中高植被，包含北侧的香樟、桂花，同时增加了灌木层，与原始植被相呼应。为了与西溪校园整体环境结合，取消麦冬，改用草坪，同时放置文化石，以适应西溪原有庄重典雅的氛围。而最重要的主入口保留了原有花坛与逸夫科教馆的标志，辅以文化竹，增加绿化与建筑之间的层次，重塑建筑本身的气质。在建筑的第五立面加入大量木质铺地、种植花箱，形成开放共享的观景平台，与建筑原有中庭顶部产生视线互动，留续建筑文脉。

原有的邵逸夫铜像、邵逸夫油画、字训等在设计中都得到了很好的保留。中庭大空间中的阳光撒下，由暗转明，邵逸夫先生的油画和那一抹金黄融合在一起，其经典寄语被印在深灰色的墙上。混凝土的庄重感修饰了新材质的青涩，将先生的价值观与文化传承。而原有的逸夫先生铜像放置于二层的报告厅入口，朝着南方，面向中庭，背景衬由卡洛·斯卡帕“断片式建筑”一般，富有极强构造性和标志性的墙体和台阶。通过形式化的语言来激发校友对邵先生的追忆，对母校的热忱，也展现出建筑通过对产教研路径的探索，开拓对建筑与规划专业人才培养新路径的态度。

3. 节点连结——个体与整体共生

单体建筑的更新往往伴随着周边环境的整体变化。这种变化往往是渐进式的，随着时间的流逝，置身于其中的使用者对这种变化的感知愈发强烈。

逸夫科教馆立于校园主轴线建筑群中，紧邻西溪校区主校门，承载了老一代人对此最初的回忆。四周绿树成荫，由于处在交通要道，人流量较大，南侧和东侧均为历史保护建筑，形成了非常重要的节点空间。

为了保留东西方向的原有景观走廊，强调空间的流向，建筑在主入口处进行退让，减少了原有的停车位数量，通过场地绿化、硬质铺地等材质的变化，前与后树木的高矮层次差异、塑造通往东侧文保建筑的入口空间。在建筑的使用过程中，保证其标志性的同时，增强通过性。这样的空间在日常也是人们驻足停留最多、产生交往最密切的场所(图1.5-15、图1.5-16)。

图1.5-15　屋顶入口空间

图1.5-16　国际设计中心前区

图 1.5-17　平衡建筑研究中心门牌

南侧历史保护建筑风格与自身差异较大，设计从色彩、流线、视线三方面进行呼应。为了使其不与建筑原始外表面的纯白产生冲突，原逸夫科教馆与南侧建筑相对的入口空间铺木制地板，采用与南侧建筑装饰线脚相近颜色的深棕色，同时局部墙体采用浅黄色材质进行呼应。在整理流线时保留了两栋楼之间的侧边入口，采用了相同尺寸的入口大门来联系两栋建筑的交通空间。同时在底部最后纪念意义的展览空间采用半透明的玻璃板，将窗外的南侧楼房和绿色如画一般印在长廊里，感受到了历史的温度，自然的和谐，情感在此得到升华（图 1.5-17）。

4. 异质同构 —— 新与旧共生

异质同构是一种形成新形式的手法，通过提取原有事物的特征元素，将其重新结合，构成新的形式，两者看似不同，但有一定的内在联系。最早来源于卡洛 · 斯卡帕的断片式建筑理论。“异质”是指原有意向中不同形式的载体，而“同构”则是指在新的意向中通过新的表现手法，呈现原有

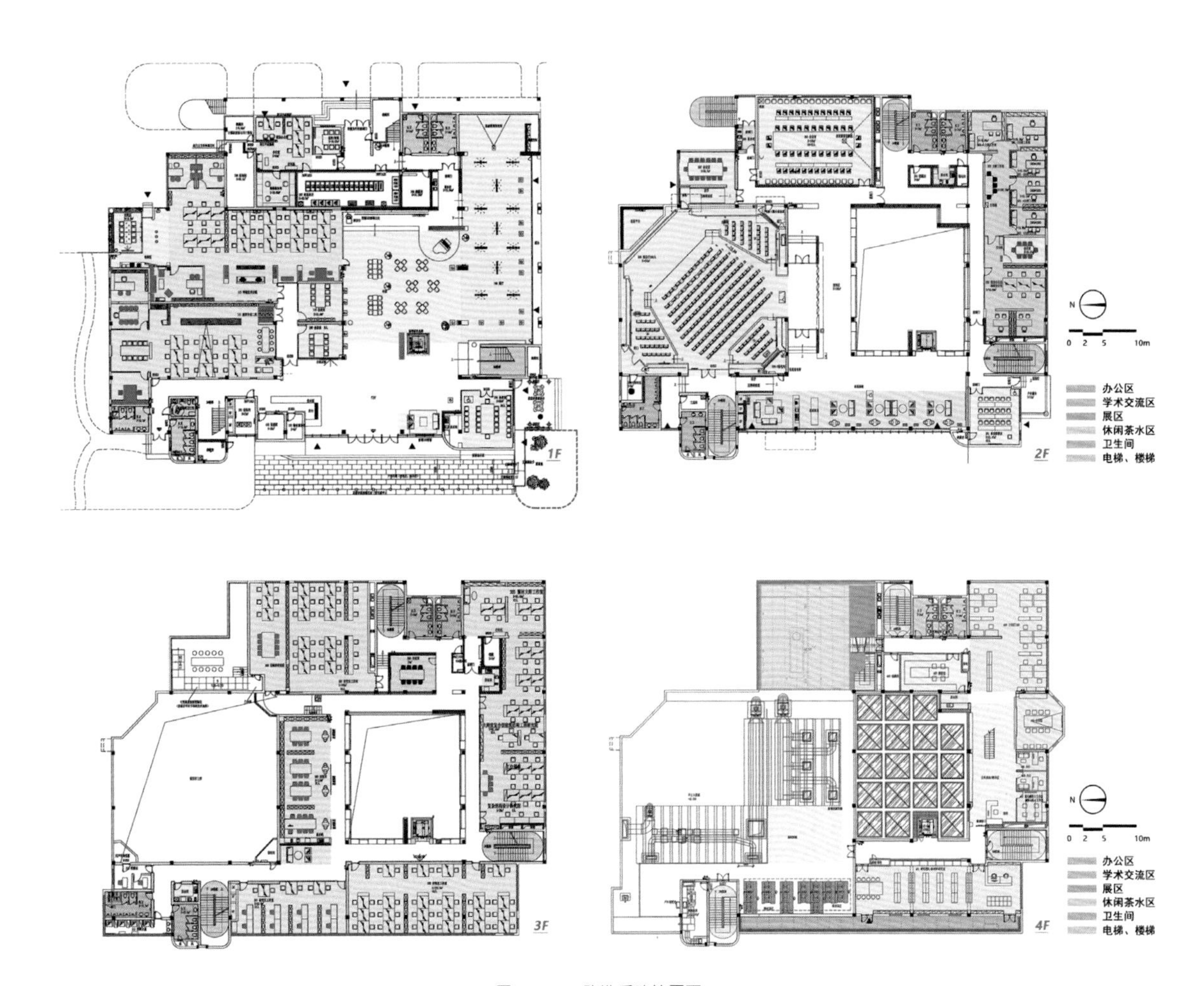

图 1.5-18　改造后建筑平面

载体的关系。在更新设计中，建筑师对事物原始状态进行观察和解剖，收集原有空间中的构造、色彩、深度等特征，构建出新的复合空间。

针对逸夫楼原有的一些强象征性空间，原有的历史形式类型可以进行有机转换。通过片断或局部来诠释旧环境，而最终复合化的界面利于调和新旧之间的差异。在楼梯间、中庭等重要空间均采用了此手法。楼梯间保留了左侧原始引导墙，用建筑语汇对其进行装饰，局部开槽放置展示品，同时底部设计采用由大变小，逐级变化的楼梯踢面，塑造空间性和趣味性强的交通空间。针对中庭则是在原始外挂楼梯的位置进行墙面内凹设计，放置尺寸更大的木饰面板，形成视觉中心，营造场域，同时，最初中庭的底部作为展览空间进行使用，改造后加入了休憩用的桌椅和绿植，使其变为交流空间，原始的展览空间则通过半透明的阳光板设置在了建筑的南侧，将自然大量引入室内，增强采光，重塑底部的开放性。原始的报告厅则通过拆除原始吊顶，将建筑的密勒梁结

图 1.5-19　产学研改造空间示范

构暴露在外，通过膨胀螺栓和顶灯进行装饰，讲台两边通过砌体结构做包围，用纯粹的建筑语汇对报告厅空间进行“同构”，保留空间原有的特色，赋予空间新的氛围感。而在顶层的高度约为两层的原始电脑机房，则是通过加入钢结构透明阳光房来实现对原始通高空间状态的复原（图 1.5-18）。最后，建筑有大量保留已久的机电设施暴露在外，在后期将其整合设计后，也希望通过建筑学的方式保留其一定的记忆，在屋顶上的空间规划便考虑到此，利用了大量的玻璃阳光板进行路径分隔，结合层次丰富的灌木景观、铺地设计将机电设施集群放置，使历史得以重构，实现人、自然、建筑的多元共生。

1.5.4 结语

伴随着国家的政策支持，产教研结合发展逐渐成为当下高校建设发展的新目标。校园物理空间的发展是一个完整的体系，动态演进，不断优化。因此需做出适时调整规划，以适应时代需求。反观当下，校园更新中所出现的盲目性、随意性等现象层出，更多的是要在下一步的发展过程中，继续优化（图 1.5-19、图 1.5-20）。逸夫科教馆在产教研结合的背景下进行更新改造，建筑师与历史不断产生对话，打破旧窠臼，与时俱进，开放创新，通过空间赋能，秉承人本性、渐进性、共生性原则，重塑历史与当下，个体与整体，功能与场所，新与旧的共生，寻求新的平衡点，为未来的校园建筑更新提出新的思考和策略。

校园建筑的更新设计绝非建筑师个人的精神宣泄，应该在传统与未来、个性与共生之间保持必要的张力，动态发展，多元并蓄，传递时代温度。

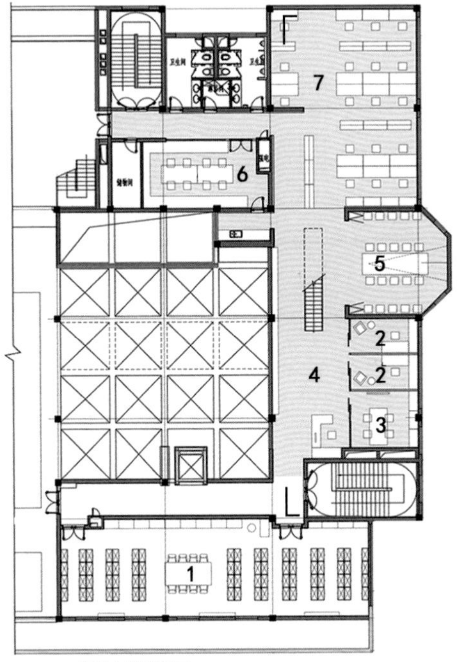

1. 新材料展厅
2. 办公室
3. 洽谈室
4. 公共活动/展示区
5. 讨论区
6. 模型间
7. 工位区

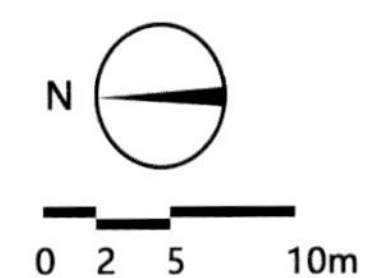

图 1.5-20　产学研改造空间平面图

注：

1. 本节来源于《产教研一体化导向下的校园建筑更新研究 —— 以浙江大学逸夫科教馆改造为例》，发表于《华中建筑》，文章作者段昭丞、王静、董丹申、李静源

2. 图片来源于赵强、段昭丞、浙江大学建筑设计研究院环艺分院。

3. 本节由 CRC 团队编纂整理。

知

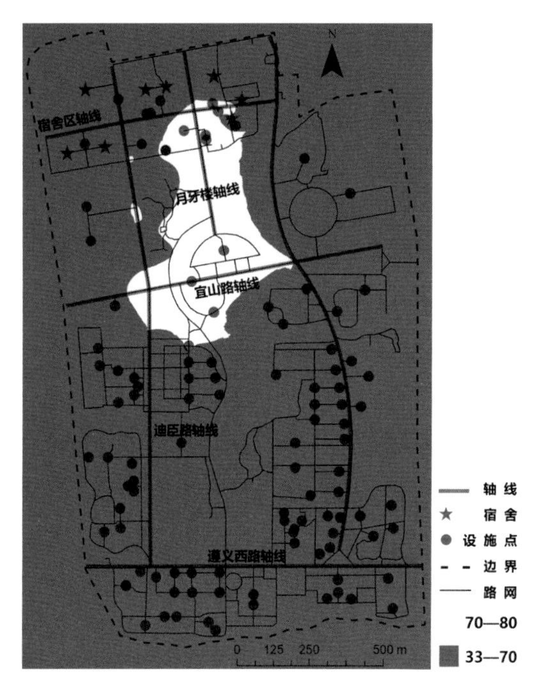

图 1.6-1 紫金港东校区全体设施面域步行指数高于 70 分的区域

1.6 技艺共通

引言

改革开放前，大学校园内部功能分区明确，道路整齐规则，且校园独立于城市，具有很强的封闭性，成为了一个接近自给自足的非生产工作单位。在改革开放后，中国迎来了经济上的腾飞，劳动市场对高端人才的需求逐渐变大，高校也相应地开始扩招。但是原有的校区已无法承载如此多的新生，于是各大高校开始了新校区的建设热潮。为了满足当下以及未来的招生需求，这些新校区往往面积巨大。

虽然改革开放带来了新的规划思潮，但是在 2000 年前后建设的新校区仍旧延续了旧有的规划理念，整个校园功能分区明确，具有较强的封闭性。此时，部分新校区规划形式的弊病开始显现，其庞大的校园使得步行通勤变得十分不便，校内学生步行出行频率下降。

而已有研究表明，步行这种出行方式能显著提高师生的工作和学习效率以及跨学科之间的沟通，在步行后，大部分人的创造力会得到明显提升，对于营造大学校园良好的学术氛围具有重要意义，新加坡国立大学总体规划方案就将打造完整的行人网络、建立绿色可持续的校园摆在了核心地位，在国际上，可步行性在新校园的规划设计中得到了应有的重视。

1.6.1 什么是可步行性

学者们对于可步行性有着不同的定义，李怀敏[1]将可步行性概括为“城市环境对步行的支持程度及步行者对环境中步行体验的评价”，Tsiompras[2]认为可步行性反映了行人友好性和出行便利性，Southworth[3]则将可步行性的含义细化为“建筑环境通过提供行人的舒适性和安全性，在合理的时间和精力内将人们与不同目的地联系起来，以及在整个网络中提供视觉兴趣来支持和鼓励步行的程度”。他将物理环境与人的精神、心理状况联系起来，把美学纳入可步行性的范畴内。总的来说，可步行性可以被理解成某地区从物质层面和精神层面对于步行的支持程度，越高的可步行性，代表着越大的居民步行出行概率。

1.6.2 国内外研究进展与不足

目前，关于可步行性主题的研究已经十分成熟，其评测指标、应用场景已经十分丰富。Terri J Pikora[4]建立了适用于澳大利亚建成环境的可步行性测量方法（SPACES），该方法从道路功能、道路安全、道路美观、设施可达性四个方面来对城市步行和骑行环境进行评价。同样地，美国也形成了适用于当地建成环境的步行性测度量表（NEWS）[5]，其中包含了对于安全性、设施可达性、道路美观、道路物理属性等指标。随着可步行性理论的逐渐丰富，出现了像步行指数这样商业化的、可量化的可步行性测量手段。它并不考虑行人步行时的主观感受，但它考虑街道交叉口密度和土地利用

[1] 李怀敏．从“威尼斯步行”到“一平方英里地图”——对城市公共空间网络可步行性的探讨 [J]. 规划师，2007，(4)：21-26.

[2] A. B. Tsiompras, Y. N. Photis. What matters when it comes to "Walk and the city"? Defining a weighted GIS-based walkability index[J]. 3rd Conference on Sustainable Urban Mobility (3rd Csum 2016), 2017, 24: 523-530.

[3] M. Southworth. Designing the walkable city[J]. Journal of Urban Planning and Development, 2005, 131(4): 246-257.

[4] T. J. Pikora, F. C. L. Bull, K. Jamrozik, et al. Developing a reliable audit instrument to measure the physical environment for physical activity[J]. American Journal of Preventive Medicine, 2002, 23(3): 187-194.

[5] E. Cerin, T. L. Conway, B. E. Saelens, et al. Cross-validation of the factorial structure of the Neighborhood Environment Walkability Scale (NEWS) and its abbreviated form (NEWS-A) [J]. International Journal of Behavioral Nutrition and Physical Activity, 2009, 6.

混合度，而这些数据往往比较容易获得，因此计算起来简单快捷。它以出发点到设施点的直线距离为值，代入衰减函数后获得该设施点的衰减系数，最后得出出发点到所有参与计算的设施点的衰减后权重之和，即为该出发点的单点步行指数，指数满分为 100，分为五个等级。

关于步行指数的研究也越来越多，研究方向主要分为两类，一类研究步行指数的改进手段，一类研究步行指数如何应用于建成环境的评估，后者已经证明它是评估可步行性的有效手段[1]，因此本节选择步行指数这一方法来对校园可步行性进行测量。我们在文献调研之后发现，步行指数在大学校园中的应用目前的研究数量还不多，在 Web of Science、BIOSIS Citation Index、MEDLINE、CSCD 等数据库中，以“walkability”“campus”“university”为关键词，筛选和检索到 17 篇有关大学校园可步行性的文章。其中有 8 篇在讨论校园可步行性与学生或校内员工身体活动之间的关联，并且都得出了一致的结论，即高的可步行性有利于提高学生的身体活动能力，降低身体体质指数（BMI）；有两篇在讨论校园可步行性和校园建成环境之间的关联，试图找到影响可步行性的因素；还有一部分研究只讨论校园可步行性的测量方法和测量结果。在这些研究中，使用步行指数方法的有两篇，Zhang 等人[2]使用步行指数对天津大学新老校区做了面域步行指数分析，验证了步行指数在大学校园中的适用性，并得出步行指数的分布规律，但是他使用的步行指数是以设施间的欧式距离为计算数据。Lu 等人[3]使用改进步行指数，在计算中加入了人均绿地以及土地利用组合两个要素，将计算结果与大学生体制测试结果做相关性分析，发现校园可步行性与大学生体质有显著正相关，但他使用的也是设施间欧氏距离。根据 Ellis 等人[4]的研究，以实际步行网络测得的设施间网络距离为数据源，要比使用欧氏距离为数据源得出的结果精确度更高，与人身体活动的相关性更高。

因此本书采用更加精确的计算方式，以设施间的网络距离为数据源，使用 GIS 中最近设施点分析法，建立校园步行网络，以学生实际出行特征为依据来优化衰减函数以及设施权重，计算大学校园的步行指数，之后验证该计算方法是否与人步行主观感受一致，最后分析校园内步行指数的分布规律，并利用位置分配分析对校园内设施进行优化，同时对比优化前后的步行指数变化规律，揭示其中体现出的学生出行规律，形成一种更加符合大学校园环境的可步行性测量和优化工具。

1.6.3 研究方法

1. 研究区域概况

紫金港校区东区（以下简称紫金港东区）位于浙江省杭州市西湖区余杭塘路，东侧为紫荆花北路，北接石祥西路，西部以紫金港路隧道与西区分隔（图 1.6-1、图 1.6-2）。

---

[1] Duncan, D. T.; Meline, J.; Kestens, Y.; Day, K.; Elbel, B.; Trasande, L.; Chaix, B., Walk Score, Transportation Mode Choice, and Walking Among French Adults: A GPS, Accelerometer, and Mobility Survey Study. International Journal of Environmental Research and Public Health 2016, 13, (6).

[2] Zhang, Z. H.; Fisher, T.; Feng, G., Assessing the Rationality and Walkability of Campus Layouts. Sustainability 2020, 12, (23), 21.

[3] Lu, Z.; Li, Z.; Mao, C.; Tan, Y.; Zhang, X.; Zhang, L.; Zhu, W.; Sun, Y., Correlation between Campus-Built Environment and Physical Fitness in College Students in Xi'an-A GIS Approach. International journal of environmental research and public health 2022, 19, (13).

[4] Tsiompras, A. B.; Photis, Y. N., What matters when it comes to "Walk and the city"? Defining a weighted GIS-based walkability index. Transp Res Proc 2017, 24, 523-530.

整个校区呈东西窄南北长的方形，占地面积约 2975 亩，目前在校师生约 3 万余人。紫金港东区于 2000 年开始国内外招标，最终华南理工大学建筑设计研究院的方案中标。此时，中国大学刚刚取消毕业包分配制度，毕业生需要自主择业，且大学被授予了自主招生的权力，这成为大学迅速扩张的强劲动力。根据中华人民共和国教育部统计公报，1999 ～ 2001 年间，中国累计新增普通高等学校 174 所，校舍面积扩大 48%，到了 2002 年规划建设的大学城达到 50 多座。而紫金港校区东区，正是第一批规划动土的大学新校园之一。

受到政府的财政支持与旧校区置换得来的资金，大学往往能获得一大片土地用于新校园的建设，规划设计师们也要抓住这难得的机会来大展拳脚，新校区俨然成了设计梦想的试验场。一座座类似于霍华德“花园城市”的校园诞生了，它们就像与世隔绝的自足体，周围由栅栏或河流环绕，校园中央设置大片水面或草坪树林，景观与建筑尺度巨大，总体构图气势恢宏。

在这样的风潮下，紫金港东区应运而生。它由花园城市规划理念和传统书院形制结合而成，由内向双环道路串联起整个路网，建筑呈放射性地向内外扩散，而不是像改革开放前的校园规划，整个校区不再有气势恢宏、空间感强烈的轴线。秉承着“现代化、网络化、园林化、生态化”的规划理念，整个校区建筑密度极低，且环绕着一片中心湖区与园林缓缓展开，水系由中心湖区向北延伸，同时还保留了一片湿地作为校园内生态建设的标本。

如图 1.6-3 所示，校区功能布局分区十分明确，南部为教学组团，生活组团位于北部，而体育组团则分布在两个组团中间的东西两个区域。生活组团由饮食服务设施、生活服务设施、购物设施、宿舍等设施共同组成，体育组团则由单一的体育设施组成，教学组团最开始也是由单一的教学设施组成，但是这样的布局并不是一成不变的，随着所有楼宇逐渐开放使用，功能分区明确的弊病也逐渐显现，于是校园局部的更新工作也在不断进行。如在藕舫路轴线西侧的东区教

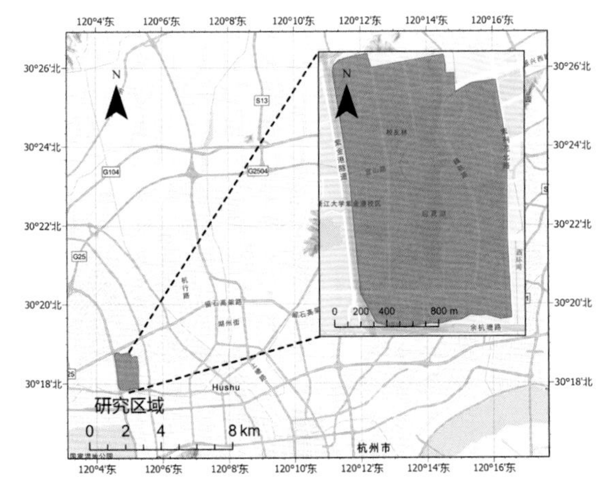

图 1.6-2　紫金港东区区位

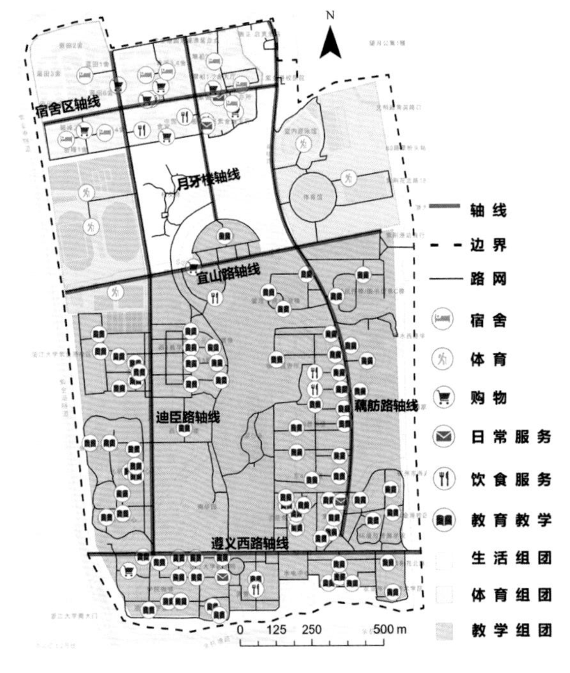

图 1.6-3　紫金港东区现状

学楼内设置了食堂方便就餐，在遵义西路轴线南部也增设了一个食堂，同时还在教学组团穿插布局了一些购物和日常服务设施。

2. 紫金港问卷发放情况

紫金港东区总计发放问卷 324 份，有效问卷 321 份，占校区学生人数 1%。样本分布于 22 个院系。在 SPSS 中进行信度分析，Cronbach's α 系数为 0.858，标准化 Cronbach's α 系数为 0.863，信度较高，表明评价收集的数据真实可靠。其中男生 150 人占 47%，女生 171 人占 53%；研究生 216 人占 67%，本科生 105 人占 32%（图 1.6-4）。

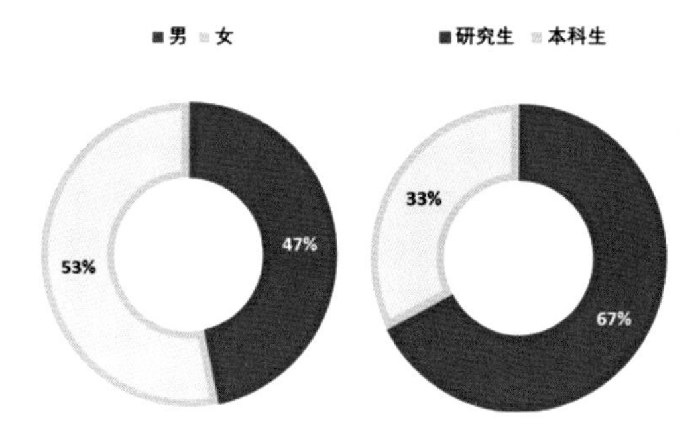

图 1.6-4　紫金港东区样本分布情况

在问卷调查中，我们调查了学生每周平均出行总次数以及去往每个设施的平均频率。将学生平均每周出行总次数转换为 100，再将去往每个设施的频率同比例调整，即为该设施的需求权重（表 1.6-1），它反映了该设施在校内的重要程度。将所有设施分成五类，分别为教育教学类、饮食服务类、体育类、购物类、日常服务类，每一类下有若干具体设施。城市中的居民实际出行时，往往会去数个同类型的设施，因此有必要根据设施的特性设置同类设施的多样化权重。但是与城市街区这一尺度相比，大学校园的尺度更小，设施种类也较少，且部分同类设施之间的可替代性较强，因此可以不再设置同类设施的多样化权重，而是将那些不可互相替代的同类设施设置成具体设施，这样分配会使计算时能够更加精确。

设施	出行频率（n=89.48）	设施权重（n=100）
（教育教学）东区教学楼	8.59	9.6
（教育教学）西区教学楼	8.95	10
（教育教学）院系楼	7.26	8.11
（教育教学）基础图书馆	4.58	5.12
（教育教学）李摩西图书馆	2.33	2.6
（饮食服务）大食堂	14.01	15.66
（饮食服务）其他餐厅	10.17	11.36
（饮食服务）咖啡厅	3.24	3.62
（购物）便利店	16.9	18.88
（体育）体育设施	5.17	5.78
（日常服务）菜鸟驿站	6.49	7.25
（日常服务）通信营业厅	1.79	2.01

表 1.6-1　紫金港东区设施权重

我们还调查了学生对不同类型设施的步行最大容忍距离。为了降低填写难度，我们把这道题目设置了七个选项，而不是让学生直接填写数字。这些选项分别是200m、400m、600m、800m、1000m、1200m、1400m。并且我们还添加了一张图片，这张图片标注了这个校区中部分主要道路的长度，以供同学们参考。每个选项以200m为间隔，统计选择每个选项的人数，如果一个人选择了1400m，则意味着他也能容忍前面所有选项所指示的距离，所有选项的累计选择次数加1，最后将最大值转为1，其余值按同样比例缩小(表1.6-2)。在EXCEL中绘制散点图，横坐标为最大容忍距离，纵坐标为选择该距离的学生个数。将散点图的趋势线转为多项式，该多项式就是设施的衰减函数(表1.6-3)。在计算衰减系数时，将所有大于1的值设置为1，小于0的值设置为0，经过我们实测，如果不做这样的处理，步行指数会偏低。

	200m	400m	600m	800m	1000m	1200m	1400m
教育教学	321 (1)	300 (0.94)	252 (0.79)	231 (0.72)	159 (0.50)	99 (0.31)	33 (0.10)
饮食服务	321 (1)	267 (0.83)	183 (0.57)	114 (0.36)	60 (0.19)	21 (0.07)	9 (0.03)
购物	321 (1)	249 (0.78)	123 (0.38)	60 (0.19)	30 (0.09)	15 (0.05)	3 (0.01)
体育	321 (1)	288 (0.90)	252 (0.79)	177 (0.55)	108 (0.34)	54 (0.17)	33 (0.10)
日常服务	321 (1)	273 (0.85)	177 (0.55)	120 (0.37)	51 (0.16)	24 (0.08)	9 (0.03)

表 1.6-2　紫金港东区步行意愿选项分布情况

设施	衰减函数
教育教学	$y = -4E-07x^2 - 0.0002x + 1.0534$
饮食服务	$y = 4E-07x^2 - 0.0016x + 1.3311$
购物	$y = 9E-07x^2 - 0.0022x + 1.4406$
体育	$y = -2E-08x^2 - 0.0008x + 1.1976$
日常服务	$y = 5E-07x^2 - 0.0016x + 1.3445$

表 1.6-3　紫金港东区衰减函数

3. 计算方法

本文使用的道路为 OpenStreetMap 网页端中导出的街道地图，在 ArcGIS 中导入 OSM 文件后，对道路进行修改，将双线合并成单线。结合实地调研，修正部分不符合实际情况的道路，根据实际建筑出入口情况对设施点进行逐点标注。传统步行指数在运用于城市中时，其设施仅标注主出入口作为设施点。当运用于校园尺度时，由于校园内设施数量远不及城市尺度中设施的数量，如果仅标注主要出入口，则会出现计算后步行指数偏低的情况，因此应对其该方法进行优化。在标注时，应将每个建筑的所有出入口计为设施点，如果某设施若干个出入口距离小于 10m，则将这些出入口标记为一个设施点。如果某一设施被标记了多个设施点，则在计算时筛选出距离计算点最近的设施点，以它们之间的距离为依据计算衰减系数。

道路和设施点处理完成后，建立网络数据集，进行网络分析。传统步行指数通常使用欧氏距离作为两个设施点之间的距离，再根据交叉口密度对距离进行修正。本研究采用网络分析中的最短设施距离分析，导入事件点（即出发点）与设施点（即目的地）后，分析会根据道路情况自动生成两点之间的实际最短路径，比修正后的欧式距离更加精确（图 1.6-5）。

计算分成两个部分，单点步行指数和面域步行指数。单点步行指数以各宿舍组团中心为事件点，以全体设施出入口为设施点，获取两者之间的实际距离后，计算该距离下对应设施的衰减系数，再将衰减系数乘以各类设施权重的值加和汇总，即为单点步行指数。面域步行指数以每两条道路的交

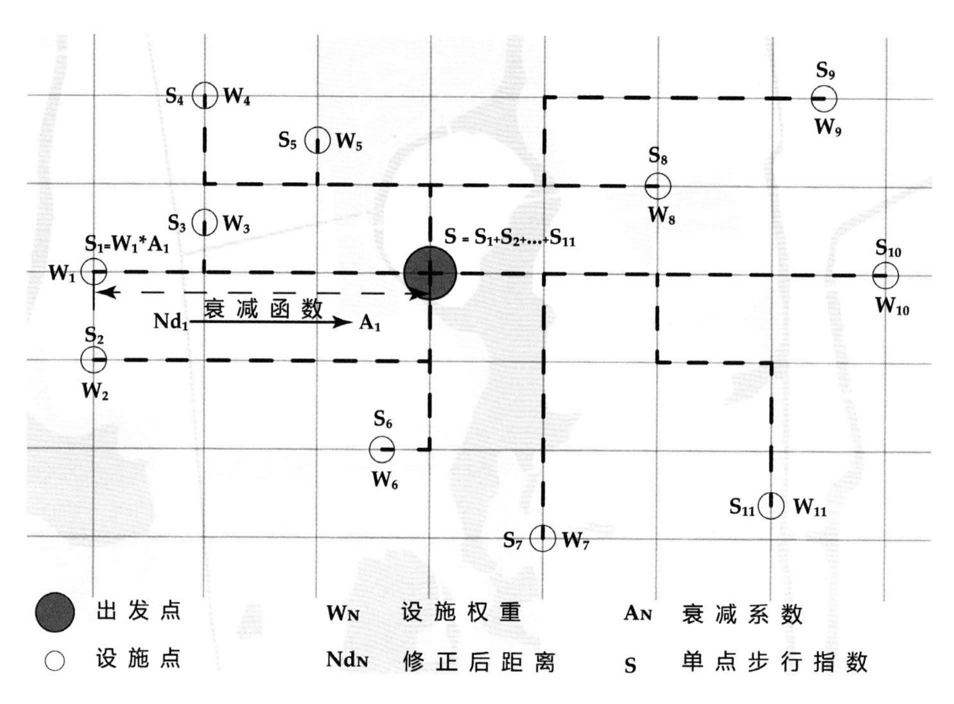

图 1.6-5　采用实际距离的单点步行指数计算方法

叉口为事件点，以全体设施出入口为设施点。

面域步行指数的计算方式与单点步行指数相同，但处理方式不同。在计算完成每个事件点到每个设施点的单点步行指数之后，以 IncidentID 为汇总依据对所有指数进行加和汇总，并将汇总好的数据连接至事件点，再对整个区域的步行指数进行插值预测。目前主流的插值方法主要有反距离权重法和克里金法，不同的方法用在不同领域具有不同的精确度。Wu[1] 在一项针对深圳市步行指数分布情况的研究中对比了两者的精确度，发现了克里金法的平均误差远低于反距离权重法，因此本研究的插值方法采用克里金法。

[1] Wu, J.; Qin, W.; Peng, J.; Li, W., Reasonableness Assessment of Urban Daily Life Facilities Configuration Based on Walk Score—— Taking Shenzhen Futian District as an example. Urban Development Studies 2014, 21, (10), 49-56.

其次是分类型设施的单点与面域步行指数。将设施按照同一类型为条件合并点要素数据集，再依次对这些数据集进行单点与面域的步行指数计算。其中不同设施的单点步行指数可以用来与问卷调查中关于从宿舍到不同设施方便程度的问题得分进行相关性分析，并验证该计算方法与学生步行主观感受的契合度。不同设施的面域步行指数可以用来查找某类校园设施分布的不合理之处，并与接下来的优化分析做比较，检验该优化方式是否有效率。

1.6.4 结果

1. 单点步行指数

紫金港东区的宿舍均为组团式布局，因此将单点步行指数的出发点设置在与宿舍组团入口广场相接的道路尽头，如图 1.6-6 所示，蓝色方形图标的大小代表着该宿舍单点步行

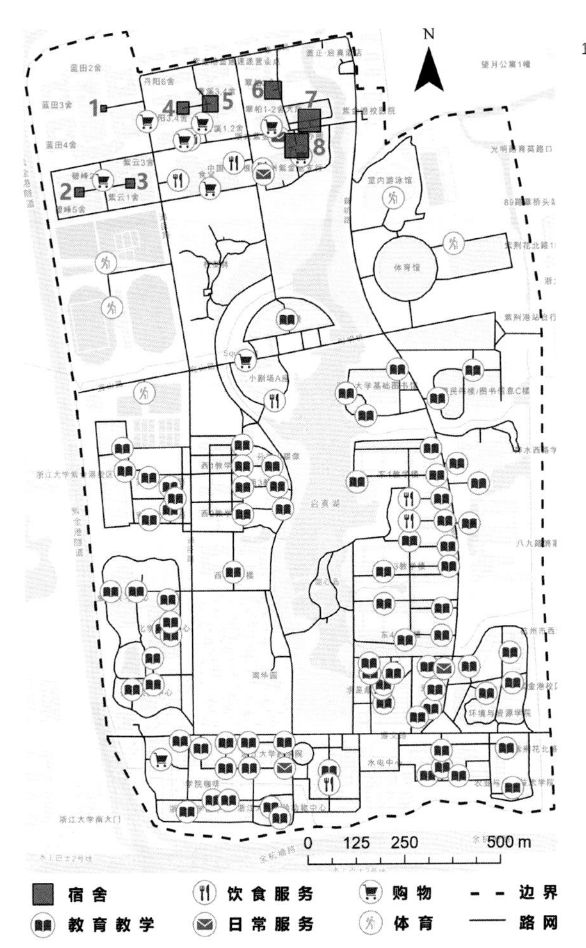

图 1.6-6　紫金港东区设施分布与单点步行指数

指数的大小。从图中可以看出，单点步行指数呈现出由东向西递减的趋势，8 号宿舍组团的单点步行指数最高，1 号宿舍组团的单点步行指数最低。位于主要交通轴线附近宿舍的指数最高，因为从那些点去往南边的教学楼以及院系楼最为方便，同时离其他设施的距离也不远。

图 1.6-7 为各类设施的单点步行指数折线图，其横坐标为宿舍编号（编号在地图中的具体位置如图 1.6-5 所示），纵坐标为步行指数。

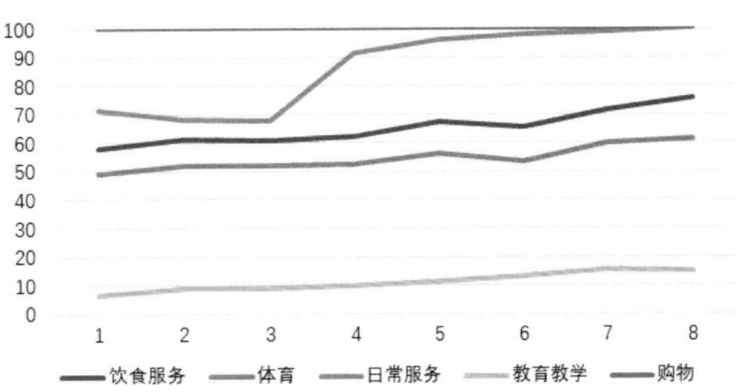

图 1.6-7　各类设施单点步行指数

可以看出，单点步行指数波动最小的一类设施为购物设施，因为每一个宿舍组团外都有一个便利店或者超市，所以从每个宿舍去购物都比较便捷。波动最大的一类设施为日常服务，因为菜鸟驿站（日常服务）的位置靠近宿舍区的最东边，所以从西边步行至该类设施很不方便。

单点步行指数平均值最高的一类设施为购物设施，为 100 分，其次为日常服务设施，为 86 分，饮食服务设施为 65 分，体育设施为 55 分，教学服务设施最低，为 11，因为该类设施主要分布在南部，被一片占地比较大的景观林与部分体育设施相分隔，距离宿舍普遍较远，据计算，某一宿舍与某一教育教学设施之间的实际距离长达 2257m，远远超出了行人步行的忍耐极限。根据步行指数评价等级，购物设施的评级为“行人天堂”，即在宿舍时几乎所有购物行为采用步行的方式就可以很方便的完成。日常服务设施的评级为“非常适宜步行”，意味着在宿舍时大部分收发快递的需求可以通过步行满足。饮食服务设施和体育设施的评级为“有些适宜步行”，意味着在宿舍时一部分饮食和运动需求可以通过步行满足。教育教学设施的评级为“非机动车依赖Ⅱ”，即几乎所有学习需求都需要通过非机动车来满足。全体设施单点步行指数平均值为 61，评级为“有些适宜步行”。

2. 主客观测量手段相关性

在问卷中，有关于从宿舍前往各类设施是否便利的问题，这个问题能够反映同学们步行时对于前往不同设施便利程度的真实感受，评分越高，则说明越便利。同样，单点步行指数也反映了从宿舍出发前往各类设施的便利程度。将这两者的平均得分做相关性分析，则可以得出步行指数与步行感受之间的相关程度。当相关程度越高，则说明步行指数对步行感受的反映越贴近真实，即步行指数能准确地反映建成环境的可步行性。分析在 SPSS 中进行，采用 Pearson 相关性分析法。

从表 1.6-4 中可以发现，紫金港东区的相关系数为 0.816，且呈显著性，说明步行指数与建成环境可步行性有着比较的正相关关系，同时也说明该步行指数计算方法可以较为准确地反映行人的步行感受和建成环境的可步行性。

	教育教学	饮食服务	购物	体育	日常服务
步行指数	11	65	100	55	86
问卷调查	48	71	72	53	62
相关系数（P 值）	0.816(0.092*)				

表 1.6-4 单点步行指数与问卷调查结果均值相关性

3. 面域步行指数

图 1.6-8 显示了全体设施面域步行指数的分布情况。最高值区域主要集中在校园的中部偏北，沿着月牙楼轴线与宜山路轴线呈倒 T 形分布。校园的南部也有一处范围很小的高值区域，在遵义西路轴线的西侧。低值区域位于校园东侧与西南侧。分值在 70 及以上的区域与最高值区间范围基本一致，为最高值区间范围向外扩展 50m 左右。分值最高的区间为 75-80 分，评级为“非常适宜步行”，意味着在这片区域的大部分需求可以通过步行满足。分值最低的区间为 33-38 分，评级为“非机动车依赖Ⅰ”，意味着在这片区域大部分出行需要依靠非机动车。整体平均值为 58，评级为“有点适宜步行”。

图 1.6-9 显示了购物设施面域步行指数的分布情况。最高值区域主要集中在校园北部、中部和西南角，且可以看到购物设施的步行指数随着设施间距离的增加衰减得比较快，在迪臣路轴线的东部表现得最为明显。当距离超过一定值后，衰减幅度开始变慢，以遵义西路轴线与藕舫路轴线最为明显。低值区域主要集中在校园的东南角。分值高于 70 分的区域分布在宜山路轴线以北几乎所有区域，向南沿着迪臣路轴线延伸至遵义西路轴线，东部分布较少，仅在藕舫路轴线中部地段有分布。分值最高的区间为 92-100 分，评级为“行人天堂”。分值最低的区间为 13-21 分，评级为“非机动车依赖Ⅱ”。整体平均值为 48，评级为“非机动车依赖Ⅰ”。

图 1.6-10 显示了教育教学设施的面域步行指数的分布情况。最高值区域主要集中在校园南部藕舫路轴线西侧区域。低值区域主要集中在校园西北角。该类设施没有分值高于 70 分的区域，因为几类必要的教育教学设施（基础图书馆、李摩西图书馆、东西教学楼、院系楼）之间相隔很远，很少有到达所有必要的教育教学设施都近的点。分值最高的区间为 35-38 分，评级为“非机动车依赖Ⅰ”，分值最低的区间为 5-9 分，评级为“非机动车依赖Ⅱ”。整体平均值为 28 分，评级为“非机动车依赖Ⅰ”。

图 1.6-11 显示了日常服务设施的面域步行指数的分布情况。最高值区域集中在宿舍区轴线与月牙楼轴线交汇处，以及校园南部的藕舫路轴线、遵义西路轴线附近。低值区域主要分布在校园东西两侧的中部区域。分值超过 70 分的区域

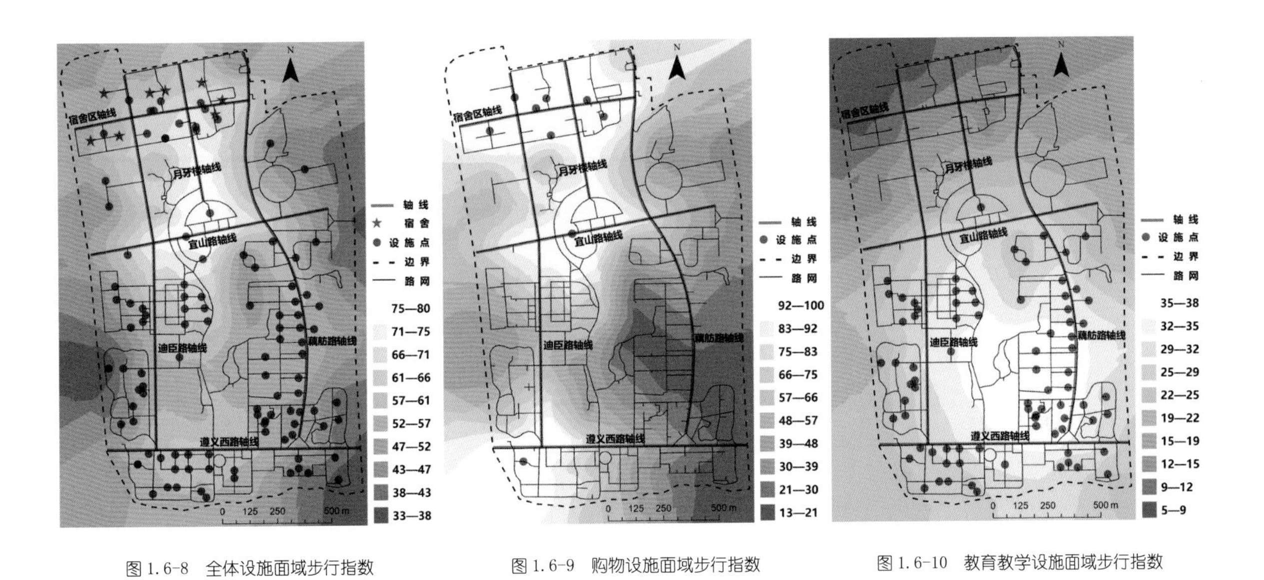

图 1.6-8　全体设施面域步行指数

图 1.6-9　购物设施面域步行指数

图 1.6-10　教育教学设施面域步行指数

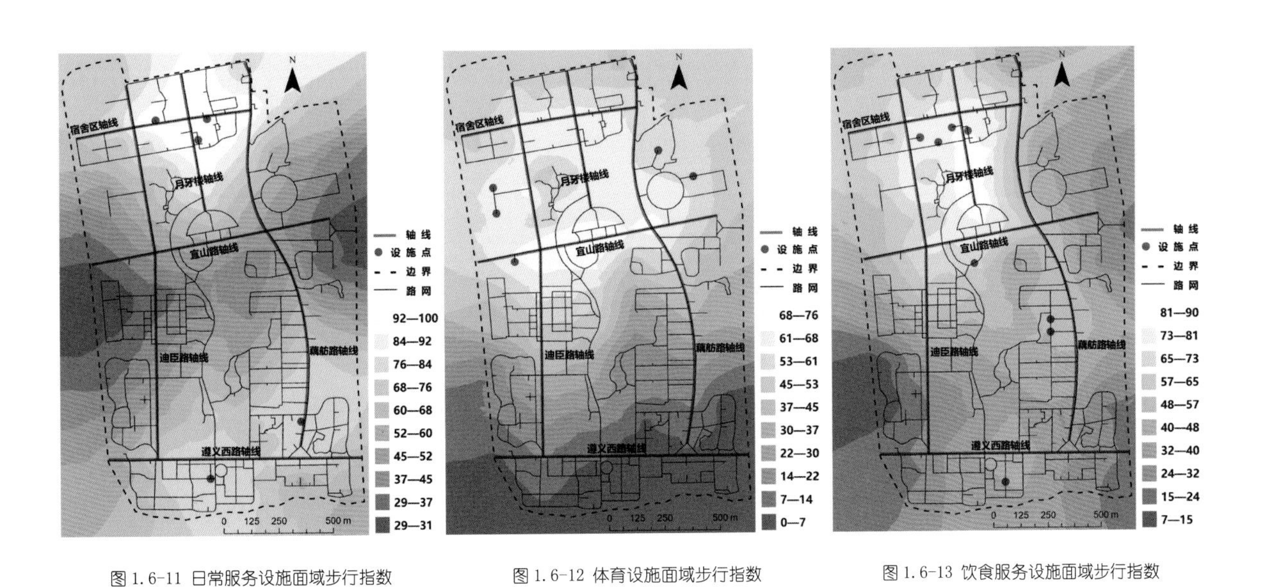

图 1.6-11 日常服务设施面域步行指数

图 1.6-12 体育设施面域步行指数

图 1.6-13 饮食服务设施面域步行指数

由宿舍区轴线与月牙楼轴线交汇处向南延伸至宜山路轴线附近，东南部的则由遵义西路轴线东侧延伸至藕舫路轴线中段，西南侧由遵义西路轴线中段延伸至迪臣路轴线南部附近。分值最高的区间为 92-100 分，评级为“行人天堂”，分值最低的区间为 29-31 分，评级为“非机动车依赖Ⅰ”。整体平均分为 66 分，评级为“有点适宜步行”。

图 1.6-12 显示了体育设施面域步行指数的分布情况。最高值区域集中在宜山路轴线南北两侧，分值高于 70 分的区域与高值区域分布情况一致。低值区域主要集中在校园南部。分值最高的区间为 68-76 分，评级在“有点适宜步行”与“非常适宜步行”之间，分值最低的区间为 0-7 分，评级为“非机动车依赖Ⅱ”。整体平均分为 35 分，评级为“非机动车依赖Ⅰ”。

图 1.6-13 显示了饮食服务设施面域步行指数的分布情况。最高值区域集中在月牙楼轴线两侧。低值区域集中在校园西南角。分值高于 70 分的区域主要集中在宿舍区轴线与宜山路轴线中间。藕舫路轴线与遵义西路轴线上虽有部分分值高于其周边的区域分布，但其分值均未超过 70 分。分值最高的区间为 81-90 分，评级为“非常适宜步行”，分值最低的区间为 7-15 分，评级为“非机动车依赖Ⅱ”。整体平均值为 47 分，评级为“非机动车依赖Ⅰ”。

在图 1.6-14 的这些组别中，极差最小的组别为教育教学设施（极差 33），但大概率是其本身步行指数很低的缘故，其余组别的极差由小到大依次为日常服务设施（极差 71）、体育设施（极差 76）、饮食服务设施（极差 83）、购物设施（极差 87）。可以看到该校区各类设施的极差都比较高，说明各类设施在校内的分布都不够均匀与合理。同时，所有组别的设施均分均低于 70 分，说明在校园大部分区域仅通过步行来满足需求比较困难。将所得的全体设施面域步行指数分成三段，分别为小于 70 分、大于等于 70 分、小于 90 分、大于等于 90 分，并分别统计其占地面积。如图 1.6-14 所示，得分在 70 分以上的区域仅占校区总面积的

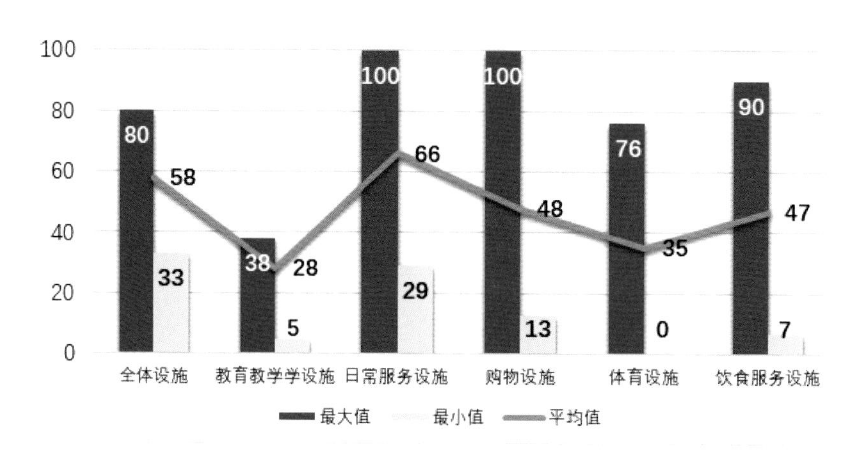

图 1.6-14 各类设施特征值

10%，同时没有得分在 90 分以上的区域，处于可步行性较低的水平，说明该校区的仅有一小部分区域均处于“非常适宜步行”的水平，校园内设施布局不够合理，校园内可步行性亟需提高。

1.6.5 可步行性优化

1. 优化方法

优化方法采用 ArcGIS 中的位置分配分析法，该分析方法可以求解不同模型下设施位置的最优解，从而保证最高效地满足请求点（需要被某类满足需求的点）的需求。如果公共机构选择一个优越的位置，这将有助于降低运营成本，同时也能提高机构的可访问性。这样一来，公共机构（例如学校、医院、商店、图书馆、消防站和应急服务中心）就可以以更低的成本为社区提供优质的服务。同理，如果为学校内的设施寻找一个最优位置，则可以显著降低步行至设施的距离，从而提高步行指数。

该分析方法需要导入设施点与请求点（对设施点提供的货物和服务有需求的人或物品的位置），我们需要在全校范围内找出所有满足请求点需求的最小个数的设施点，所以可以将校园范围内所有道路交叉口和转折点同时设置为设施点和请求点，模型就会不断迭代最后找到能满足所有请求点的最佳设施数量和设施位置。分析模型采用最大化覆盖范围和最小化设施点数模型，成本变换函数类型为线性函数。

在进行位置分配分析时，应根据不同类型设施的衰减函数设置不同的中断距离，中断距离值取衰减系数为 0.5 时所对应的距离并取整。由于教育教学类设施与体育设施建筑体量和占地面积庞大，在实际情况中已经无法优化，因此不对这两类设施进行优化分析，优化分析的对象为剩余的三类设施，即日常服务类、饮食服务类、购物类设施。根据计算，上述这三类设施的中断距离分为别 666m、613m、552m。由于这三类设施的中断距离相差不远，在迭代计算时，三类设施的位置通常是重叠的，因此为了方便计算，这三类设施的中断距离均采用平均值，即 610m。

计算完成后，模型会指定数个最佳设施点位，为了让优化的成本最小化，调整新旧设施时，如果最佳设施点位的数量小于已有设施点数量，则将相同数量的已有的设施点移至最佳设施点位。若最佳设施点位周围已有该类设施，则不做修改，保持原有设施点位不变。最佳设施点位数量大于已有设施点数量时，则在最佳设施点位添加一个设施点。当计算出的最佳设施点位于广场或距离建筑较远的校园道路上时，则将该点移至相距最近的设施点处。将这些设施点位与原有设施点位做相应调整并合并后，形成新的设施点位。再将新的设施点位重新代入最近设施点分析中，计算新设施点位下校园面域步行指数，并与旧设施点位的面域步行指数相比较，探讨该优化方法是否能产生理想的优化结果。

为了方便对比新旧面域步行指数差异，制图时在符号系统中将两者的分数的分段调为一致，这样就能直观地看出同一分段下新旧面域步行指数的分布差异。

导入设施点与请求点后，将中断距离设置为 610m。位置分配分析计算结果如图 1.6-15 所示，最佳设施点数为 4，最佳设施点位置分别位于迪臣路轴线、月牙楼轴线、藕舫路轴线以及遵义西路轴线附近。由于其位置均在原有设施点上，所以不再移动其位置，直接对原有设施点进行修改。

修改方法以饮食服务设施为例，将 2 号理想最佳设施点位东北侧的其他食堂移至 2 号，并且由于周围没有咖啡店，于是就在 2 号新添加一个。3 号理想最佳设施点位的情况与 2 号一样。4 号理想最佳设施点位周围已经有一个咖啡店和

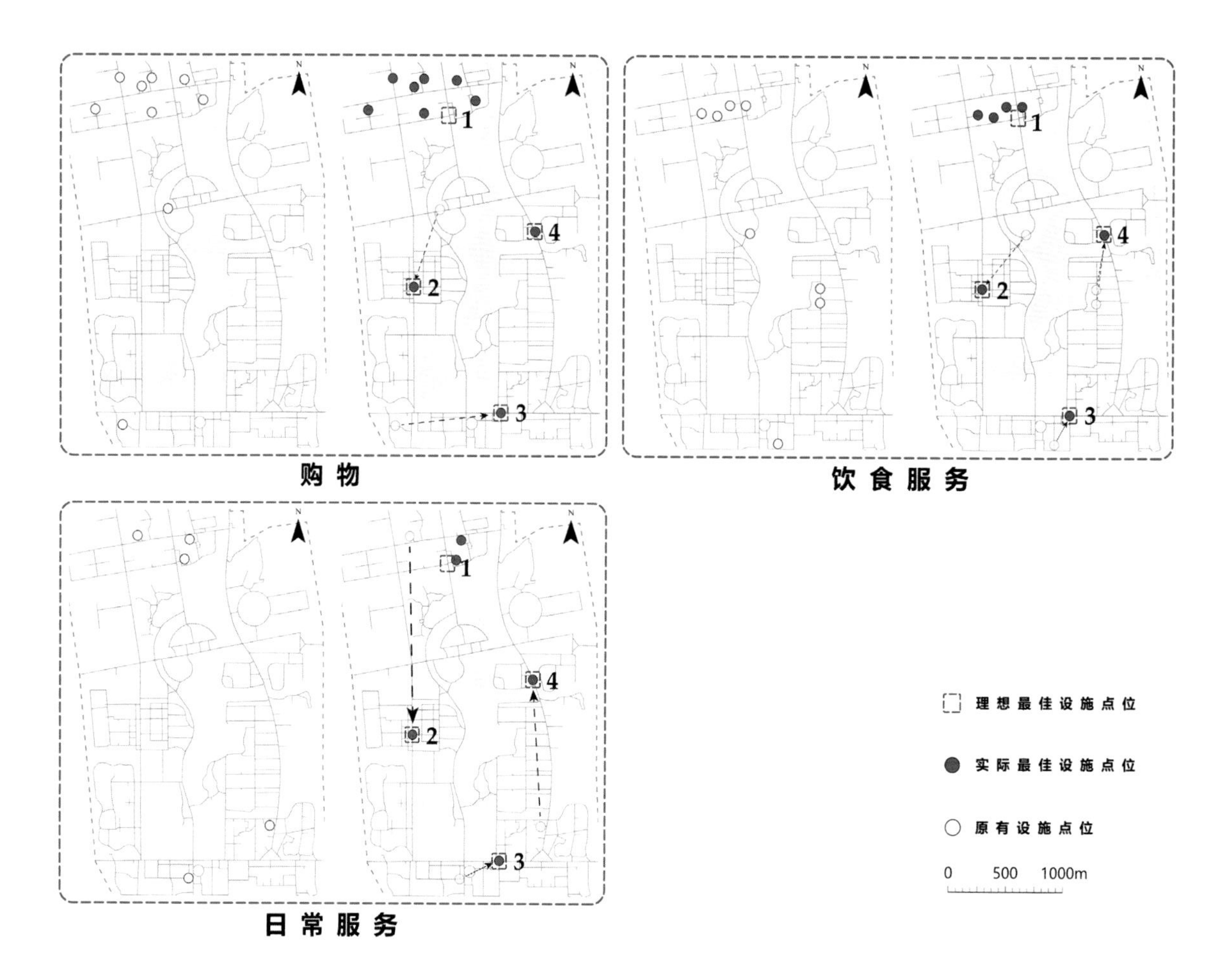

图 1.6-15 优化前后设施点位对比

一个其他食堂，就把两个都移动到 4 号即可。其余两类设施的修改方法与饮食服务设施一致，便不再赘述，最终修改结果如图 1.6-15 所示。将修改后的设施点位代入最近设施点分析中进行分析并计算面域步行指数，对比其变化。

2. 优化结果

图 1.6-16 显示了全体设施优化前后的面域步行指数分布情况的对比。可以看到高值区域由原先的集中在月牙楼轴线附近，沿着迪臣路轴线与藕舫路轴线向南延伸，同时南部的小高值区域向北部延伸。原来校园东南角以及西南处的低值区域也有显著的提升。优化前最高值区间为 75-80 分，优化后为 91-97 分，由“非常适宜步行”提升至“行人天堂”。优化前最低值区间为 33-38 分，优化后为 42-47 分。整体平均值由原先的 58 分提升至 75 分，评级由“有些适宜步行”提升至“非常适宜步行”，意味着校区内大部分区域的大部分需求可以通过步行满足。

图 1.6-17 显示了购物设施优化前后的面域步行指数分

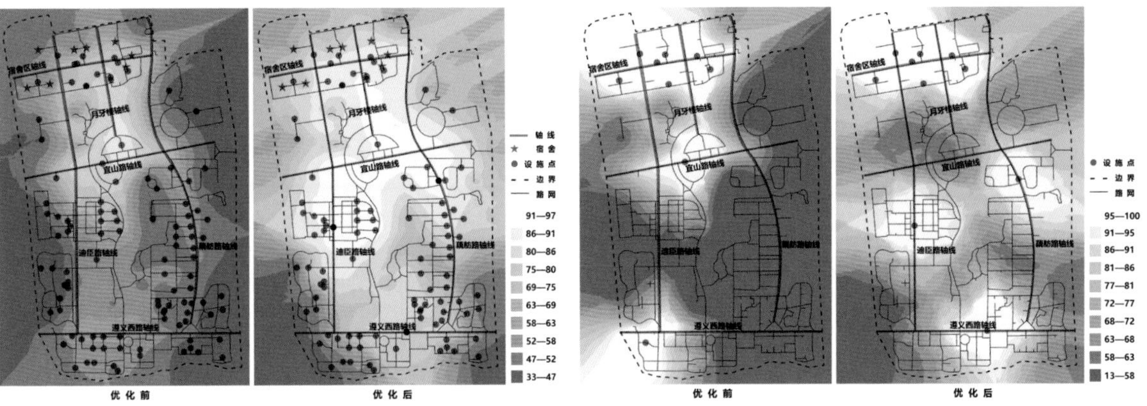

图 1.6-16　全体设施优化前后面域步行指数对比

图 1.6-17　购物设施优化前后面域步行指数对比

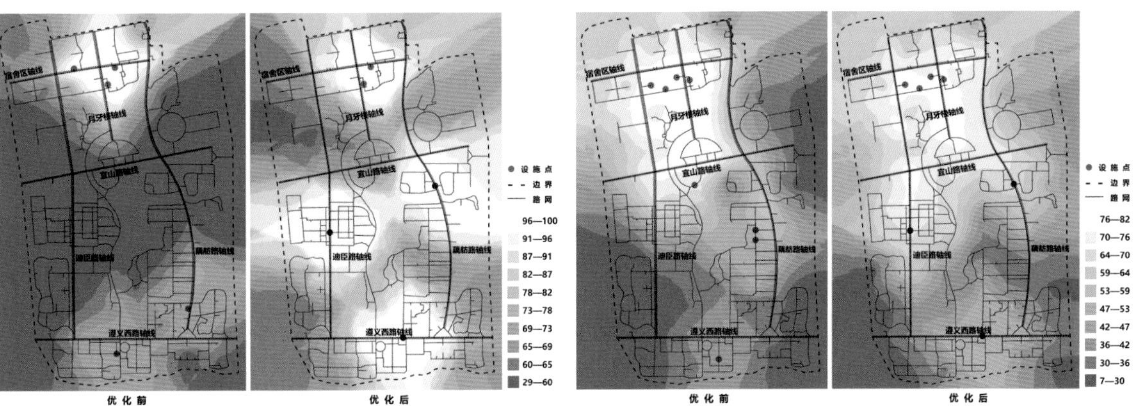

图 1.6-18　日常服务设施优化前后面域步行指数对比

图 1.6-19　饮食服务设施优化前后面域步行指数对比

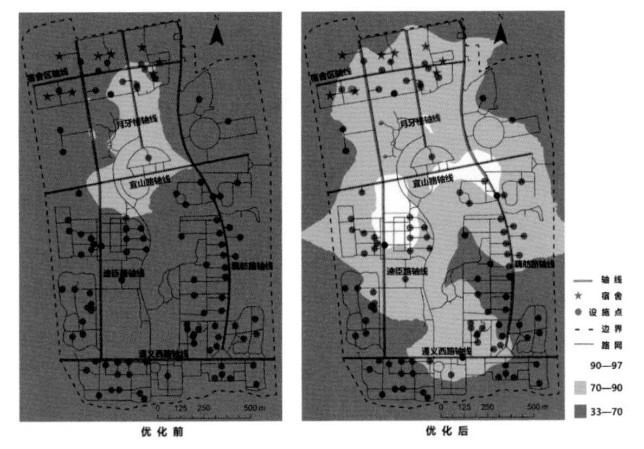

图 1.6-20　面域步行指数 70 分以上区域优化前后对比

布情况的对比。优化后校园内部除了宜山路轴线与迪臣路轴线交界处以北、藕舫路轴线以西两处有低值区域外，其余地区的得分均比较理想。优化前最高值区间为 92-100 分，优化后为 95-100 分。优化前最低值区间为 13-21 分，优化后为 33-47 分。整体平均值由原先的 48 分提升至 87 分，评级由“非机动车依赖Ⅱ”提升至“非常适宜步行”，意味着校园的大部分区域的大部分购物需求可以通过步行满足。

图 1.6-18 显示了日常服务设施优化前后的面域步行指数分布情况的对比。与购物设施不同的是，校内的低值区域分布较少，可能是由于同学们对于该类设施的步行容忍程度更高。优化前高值区间为 92-100 分，优化后为 95-100 分。优化前低值区间为 29-31 分，优化后为 56-60 分，评级由“非机动车依赖Ⅰ”提升至“有些适宜步行”。整体平均值由原先的 66 分提升至 89 分，评级由“有些适宜步行”提升至“非常适宜步行”。

图 1.6-19 显示了饮食服务设施优化前后的面域步行指数分布情况的对比。优化后使得校园西部地区和东南部地区有了比较大的提升。但是最高值区间的范围有所缩小，同时最高值区间分值也降低了，优化前最高值区间为 81-90 分，优化后为 76-82 分，可能是由于有一个权重较大的其他餐厅由宜山路轴线附近移至最迪臣路轴线处，使得高值不再集中。虽然该优化使得最高值有所降低，但步行指数的分布更加均匀了，且低值区间有所提升，优化前最低值区间为 7-15 分，优化后为 24-30 分。整体平均值由原先的 47 分提升至 54 分。

表 1.6-5 汇总了各类设施优化前后的特征值，优化后全体设施、饮食服务设施的最大值有所变化，全体设施最大值提高了 21%，而饮食服务设施最大值降低了 8%，另外两类设施的最大值没有变化。各类设施的最小值均有所提高，全体设施最小值提高了 27%，日常服务设施最小值提高了 93%，购物设施最小值提高了 269%，饮食服务设施最小值提高了 243%。同时，平均值也统一向上变动，全体设施平均值提高了 29%，日常服务设施平均值提高了 35%，购物设施平均值提高了 81%，饮食服务设施平均值提高了 15%。各类设施中，购物设施平均值提升最大，饮食服务设施的平均值提升最小，这与设施的种类数量与权重有关，但总体呈现提高的趋势，说明该优化方法有效。

同时，如图 1.6-20 所示，全体设施面域步行指数 70 分以上的区域扩大了很多，其覆盖范围向四个方向同时扩张。优化前 70 分以上的区域占校园面积的 10%，优化后占校园面积的 62%，提升了 5.2 倍，优化效果明显。在优化后校园内也出现了 90 分以上的区域，占校园总面积的 6%，主要分布在宜山路轴线与迪臣路轴线、藕舫路轴线的交界处附近。

	优化前最大值	优化后最大值	优化前最小值	优化后最小值	优化前平均值	优化后平均值
全体设施	80	97	33	42	58	75
日常服务设施	100	100	29	56	66	89
购物设施	100	100	13	33	48	87
饮食服务设施	90	82	7	24	47	54

表 1.6-5　各类设施优化前后特征值汇总

1.6.6 讨论

本研究根据学生出行特征以及校园建成环境本身的属性，拟合出了适合于校园尺度的设施权重与衰减函数，并利用 ArcGIS 的最近设施点分析法计算了设施间的实际距离，因该距离用于衰减系数的计算能使数据更加精确。本书比较了单点步行指数与行人步行主观感受的相关性，此外还对原有设施进行优化，并用优化后设施的步行指数对比优化前设施的步行指数，总结其分布规律，提出相应的优化方案。

结果表明，该步行指数模型计算结果与行人步行主观感受拟合程度比较理想，能比较准确地反映行人在建成环境中的步行感受，Barnes 等人[1]的研究印证了这一点，根据他们的统计，步行指数每提高 10 分，步行出行的概率就会提高 34%，这意味着该工具可以作为设计时评估设计合理性的有效手段，来评估设计是否能满足行人的步行需求。该工具也为设计者提供了可视化的空间分析结果，展示更多设计的可能性，从而让设计者在与甲方沟通时增加设计方案的说服力，事实上已有许多地产项目在宣传时将步行指数作为卖点，也有研究表明步行指数与地产销售具有显著的相关性[2]。

---

[1] Barnes, R.; Winters, M.; Ste-Marie, N.; McKay, H.; Ashe, M. C., Age and retirement status differences in associations between the built environment and active travel behaviour. J Transp Health 2016, 3, (4), 513-522.

[2] Li, W.; Joh, K.; Lee, C.; Kim, J. H.; Park, H.; Woo, A., From Car-Dependent Neighborhoods to Walkers' Paradise Estimating Walkability Premiums in the Condominium Housing Market. Transport Res Rec 2014, (2453), 162-170.

注:

1. 本节根据《A study on the walkability of Zijingang East District of Zhejiang University Based on Network Distance Walk Score》整理和扩充，刊登于《Sustainability》，文章作者穆特、劳燕青。
2. 图片来源于 CRC 团队。
3. 本节由 CRC 团队编纂整理。

第　二　章

行

图 2.1-1　浙江大学玉泉校区二食堂明信片设计（图片来源：姚林锋）

校园与生活

2.1 玉泉食堂更新改造

RECONSTRUCTION OF SECOND CANTEEN IN
YUQUAN CAMPUS OF ZHEJIANG UNIVERSITY, HANGZHOU, CHINA

更新时间 / 2018　　项目区位 / 浙江省，杭州市　　建筑面积 / 2394 ㎡

设计团队 / 浙江大学建筑设计研究院有限公司·建筑一所
建筑设计 / 陆激，冯余萍，吴启星，胡笳天，孙文瑶

图 2.1-2　浙江大学玉泉校区二食堂外立面人视图

缘起

这个灰乎乎的砖头盒子本名叫二食堂。浙江大学玉泉校区四大食堂中，它排名老二，1984 年我进校时，它就脏兮兮地立在求是园中，只开放一楼，二楼长年关闭，原因不明。隔壁三食堂的二楼，那可是全杭城高校夜生活的心脏——浙江大学交谊舞厅的所在，风光多了，与二食堂的破落相映成趣。到了 20 世纪 90 年代初，全民言商的风潮波及校园，二食堂朝南门口修了两部旋转梯直上，二楼终于开张做桌餐，挂了块招牌，叫作“食天一隅”。名字取得好听不说，菜也便宜，顿然间火爆起来，不但成为学校接待的首选，刚参加工作的青年教工们呼朋引类日常小聚，也算个好去处。而三食堂二楼的舞厅，人迹却渐渐稀了。风水轮转，彼此一时。也许是宿命，热了二楼，却又关了一楼，二食堂还是只开一半。之后绕着它的一楼，零零星星地开过咖啡馆、西餐厅、拉面铺……起起落落，总之不全。

火不火都是浮云。由建筑学的专业眼光看去，二食堂在校园中，只约略等于三个字：不存在。两层人字坡平瓦顶小楼，雨迹斑驳的青砖外墙，就算包了最时新的铝板，仍难脱脏兮兮的俗相。门口后加的旋转梯，犹如街头魔术师爱留的两撇八字胡须，油滑有余，威严不足。早先要不是离宿舍

图 2.1-3　浙大玉泉校区二食堂改造前

近，打个菜方便，其他方面实在拼不过另外几个食堂，改叫"食天一隅"后才稍有起色。我是直到这次接受重修二食堂的任务，踏勘现场时，才被它细如鹤腿的混凝土柱子惊到，24cm 见方的柱子居然高 6m 有余，我一边为这些年结构规范的变迁感叹，一边也为广大求是学子庆幸：全靠这几根看起来随时会折断的"筷子"，支撑了大伙这么多年。确实辛苦，是时候修一修了（图 2.1-1 ～图 2.1-3）。

2.1.1 留旧与建新

这次修缮改造，一楼保留原校园卡机房，准备开设西餐厅、日式料理和咖啡厅，还要开一家 24h 食品超市；二楼，计划改作以服务教工为主的餐厅。定下目标，要打造具有高校学术气质的师生休闲交流场所，翻译成大白话，即为：愿意来，吃得下，有面子，坐得住。前半段是饮食中心的任务，后半段就是设计师的工作了。为实现这个目标，学校承诺在朴素耐用不铺张的前提下，确保改造资金。

改建设计，必受制于既有要素。由此派生的设计策略，约分三类：遵循原有逻辑修旧如旧，是其一；只留大框架，全面包裹替换，重新定义空间及表皮，是其二；新旧共存而并呈，相互对比对话，别出机杼，是其三。

二食堂建成逾 50 年，历经沧桑，内外形象一改再改，如"沉积岩"。原设计为两层：一层为砖砌体 + 钢筋混凝土框架混合结构；二层为人字形木屋架单跨坡顶，外墙为清水青砖。20 世纪 90 年代初，二层装修为接待中餐厅，南北两个立面涂刷成米色，东西山墙仍保留清水表面，之后历经翻修，西侧底层曾开西式简餐，立面也做过改造。南侧部分立

图 2.1-4　浙大玉泉校区二食堂一楼改造前

图 2.1-5　浙大玉泉校区二食堂二楼改造前

面现状包覆浅驼灰色铝塑板，并少许类“欧式”线脚，东侧曾为校园卡部、蛋糕房等。历时性线索东鳞西爪、释意多歧、格调油腻。

经多方征求意见、审慎思考，本次改造同时混用上述三类手法，故此设计过程和设计成果两个维度，均呈现层叠状态，颇有复调叙事的效果（图 2.1-4、图 2.1-5）。

2.1.2 构筑与材料

保留整体框架。因为上下两层的预期功能各异，所以没动二层楼和人字坡顶的形态逻辑，也基本没改变原初的开窗位置。故此改造后，建筑整体形象没有刻意标新立异，用的是手法一“修旧如旧”策略。为此，清理此前“欧式”线脚之类种种不搭调的伪饰，造型语汇的调性被提纯。半途加建的旋转楼梯，当年也算“食天一隅”标识性的符号，保留它有历史价值，但是再三考虑，还是拆除了，唯一的理由就是难看。从建筑学艺术性这一方面做出决定，在两可选择时，没道理就是最大的道理。

整体恢复旧貌，但一些新增的附属物，比如楼梯、雨篷、局部敞廊等。用了新形态，没再延续整体的青砖黛瓦。某些历时性的加建痕迹，比如山墙的窗户、北侧的小厨房等，也刻意做了保留。有去有留、有新有旧，这是手法三“对比对话”部分。既然是旧建筑的改造，在不同的时间纬度上留些刻痕，也是应有之义。

室内调子就相对放松了。底层原为敞厅，改造设计按使用逻辑进行空间重组，轴向串联西餐厅、咖啡厅、日式料理和自助超市等各个互有差异的“Box”，形成“轻食街”，

图 2.1-6　浙大玉泉校区二食堂侧面

图 2.1-7　浙大玉泉校区二食堂立面细节

中央吧台和透明厨房合为一个独立模块，构成响亮的空间核心。二层自助大厅，露明人字形木屋架以恢复室内原貌，但其空间意义被重新解读：设计以白色铝格栅（从倾斜望板延伸至地面）遮蔽喷淋、灯座、空调，用一个富有韵律感的简单背景，放大对称空间的仪式感和表达力；星空般的球泡灯，在庄重中平添几分轻松和华丽。二层大厅因此成为新生二食堂的标志性空间。室内的总调子用了手法二“重新定义”。

有意思的是，人们约定俗成地接受“旧包新”的策略。对建筑外部形态的态度，往往倾向于保守一些；而对室内空间，则比较容易接受更新、更前卫的材料和形式。此不独国内为然，这应该是一个全球化的现象。只是在欧美诸国，因为既有建筑留存得多，对城市风貌的保护也比较重视，“旧包新”策略往往多用在对真实的历史建筑的保护和利用上。而在国内则被发展成为一种新建建筑的“风格策略”，而且广受推崇和使用。这是另一个话题，此不赘述（图 2.1-6、图 2.1-7）。

二食堂的改造设计，在建筑外立面部分，也并没有一味趋旧，建筑师在顺应大众需求的前提下，也有自己的专业坚持和态度。比如，窗的大小和位置不变，但构件层次多重，追求器物感，从造型上强调窗作为采光通风的装置作用。窗，本身就是沟通内外空间的所在，现在这种做法，无形间刚好将外部建筑趋旧与室内空间趋新这两种相反的风格加以

图 2.1-8　浙大玉泉校区二食堂外立面

糅合，是设计匠心细腻之处。

改造中，外部建筑、底层和二层空间各有侧重，三种改建策略混用而浑成。建筑外形朴素，青砖黛瓦低调而内敛；底层空间层次清晰又相互渗透，用材多变但光洁细腻，明亮温暖；二层室内神气昂扬，详略得当，有很强的标识性和纪念性。三者调性不同却又能表现出一致性，得益于设计师对

图 2.1 9　浙大玉泉校区二食堂二楼

图 2.1-10　浙大玉泉校区二食堂一楼大厅

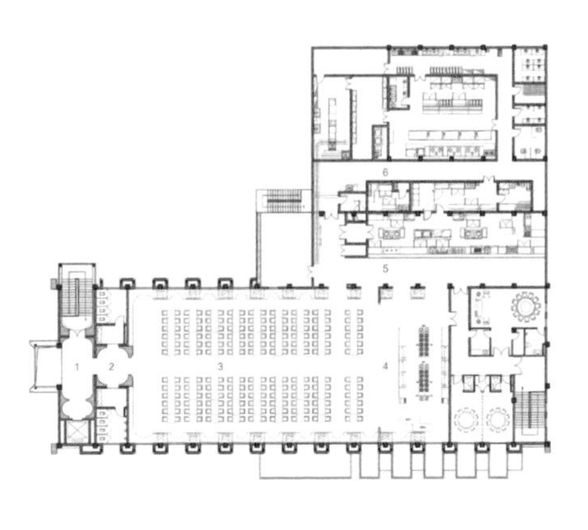

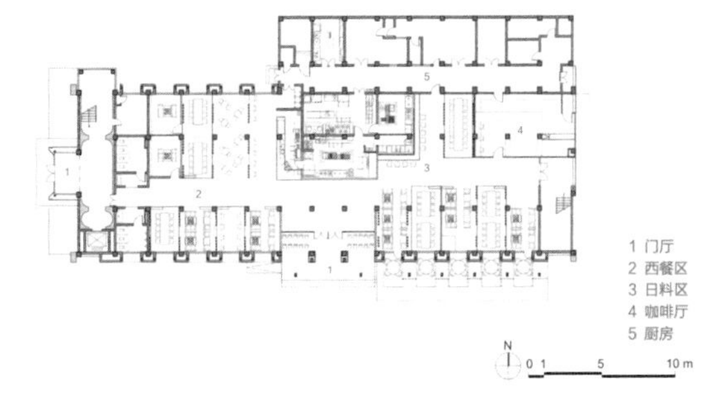

图 2.1-11　浙大玉泉校区二食堂平面图（上图：二层，下图：一层）

三种不同手法的灵活运用，分寸处需要举重若轻，方能不着痕迹（图 2.1-8 ～图 2.1-11）。

2.1.3　温度与归属

原二食堂所用建材相对单一：清水青砖外墙、木窗、机制灰瓦，内饰水泥地坪、粉白内墙和顶棚，二楼木屋架下为灰板条顶棚。之后诸次改造分别添了不少内外装饰。本次改建，对材料重新做了整理。外墙除保留青砖灰瓦外，木质封檐板替换为铝板，窗替换为铝合金中空玻璃窗，局部装饰线条统一为铝板线条。南立面局部和西立面入口处，分别加做了木饰面和锈板饰面，在原先冷淡的灰色调子里掺了一点暖色，以色彩暗示，诱导就餐者增加几分停留的意愿。

室内用材料品种较多。底层门厅局部铺设荔枝面花岗石，24h 面包房铺设暖灰色抛光地砖，整体地面采用多彩环氧精磨石地坪，以求地表面的连续性和丰富度，也便于清洁。施工不错，没有精磨石地坪较易出现的细裂缝。顶棚敞开，

图 2.1-12　浙大玉泉校区二食堂二楼

统一刷以深灰色涂料，这是目前餐饮类室内常见做法，节约造价也便于检修；吧台局部做镜面不锈钢吊顶，增加清洁感和中心性。西侧门厅是二楼大餐厅入口，与二楼前厅一并采用云白色大理石内墙。其余一楼内墙为灰色美岩板，局部做木饰面和木构架（书架）。用美岩板，符合南方多雨潮湿气候，避免内墙长霉。若用面砖则较易脱落，而灰色美岩板的暗调子，与外墙清水青砖有一定关联度，又能为室内木饰和家具提供恰当的背景。另外，卫生间、厨房等也选用各自谐调、便于清洁的地砖、墙砖和金属吊顶，吧台台板和洗手间台板则采用比较流行的人造石整体台面。一层功能综合，材料、色彩均较多，大调子偏向温馨热闹，有一定的商业性和流行性。二层的用材和色彩则比较统一。仿木纹地砖地面（耐磨、便于清洁）、白色铝方管墙面和顶棚、露明木屋架、局部木饰墙面，这就是二楼大餐厅的全部室内硬装材料。建筑师对二楼大餐厅的定义不同于一楼，设计目标也不同。设计师有意识地在原有建筑空间中读出庄严感和神圣感，并通过设计放大这种感觉，而材料选用则与设计目标一致（图 2.1-12 ～图 2.1-14）。

层叠的建筑材料，与前述层叠的建筑形态，共同构成了改建后的二食堂丰富、混杂、多义的空间个性，是友好的，也是耐读的，因此，是可停留的。

此前反复提到二食堂改造的设计手法与设计成果是多元、复调的，意在改建过程中突显时间的重要性。这是比较客观的描述，更主观的表达则是，通过复调叙事的做法，实现学校给定的目标 ：“有面子，坐得住”。用心理学的语言表达，应该是“归属感”，而建筑学的概念中，归属感，当

图 2.1-13　浙大玉泉校区二食堂二楼

图 2.1-14　浙大玉泉校区二食堂二楼

与场所感息息相关。

建筑学理论一般认为，空间与人的结合略等于场所感。有观点认为，建筑师创造特殊的（或者说特定的）空间体验固然重要，但创造特别的（或者说特定的）场所感，才是根本目标。我倾向于认同这个观点。没有人的空间，冷冰冰的，最多只是建筑师个人野心或建造者自我抱负的象征，有人的空间，或者叫场所，才是活着有生命的所在。建筑学所谓的场所感，大致分为两个层面：一个叫“场所精神”(the spirit of place)，一个叫“场所依恋”(place attachment)。两者均指向特定的地点和环境所具有的特殊意义。如果说“场所精神”更加强调这种特殊意义本身，“场所依恋”则直接指向特殊意义对人的影响。正是基于这一点，我们把归属感和场所感联系起来。

深究这个问题，足以写出长篇大论甚至煌煌专著。本文只想指出，在努力塑造场所感时，可信赖一个特殊指针——“停留性”，并假设可停留的空间，必然具有“场所精神”，也较易建立“场所依恋”。二食堂改建设计中，每遇形态、材料和手法选择，设计师都会自问：哪种选择更留得住人？留得住就选，留不住就弃。当然，这种选择也要做得到，花得起。事实证明，此方法是可用的。最准的民意测验是用脚投票，二食堂启用后，迅速成为浙江大学的一座网红餐厅，甚至上了杭州市的美食地图，足以说明以停留性之图，索场所感之骥，是可靠的。

某个设计细节值得拿出来对比。前文提到，室内空间设计中，一层就繁，二层就简。手法不同是因为目标有差。一层强调的是休闲和亲切，二层强调的是庄重和仪式感。人与人的交谈，絮絮叨叨，多嘴多舌，往往会带来随意温暖的氛围；少言寡语单刀直入，则更有力，但也有距离感。建筑

图 2.1-15 浙大玉泉校区二食堂二楼

语汇的使用与此略同：繁而松，简而紧，简趋圣而繁近俗。但有一个疑问：二层大厅这样强调庄严神圣、颇有距离感的做法，其“停留性”在哪里？我们要把场所感和停留性联系在一起，这个问题必须回答（图 2.1-15）。

结语

一般而言，吃饭就是吃饭。国内高校校园中，图书馆往往是最重要的建筑，放在最重要的位置，以此统领校园空间，其象征性和仪式感非常重要。食堂无非就是一个吃饭的地方（最新的教育理念，也有把食堂作为学习空间的思想），与庄严和神圣无关。也因为此，师生们对校园的归属感，也往往会系于图书馆、校门，或者自己学院的大楼这些地点，而较少与食堂发生联系。而英美系的传统大学中，习惯却恰恰相反。例如哈佛大学中非常重要的标志性建筑“Memorial Hall”，其实就是一个食堂，并规定，只对一年级的学生及他们的亲友开放。当年我访问哈佛时，陪同的是一位三年级生，所以只进了另一个餐厅（虽然没有纪念堂壮观，但空间也充满仪式感）。食堂在英美系传统大学的地位和重要性，与其书院制有关。同一个书院的学生和他们的导师，还有院长，吃住在一起。吃饭，正是每日聚在一起交流的重要时刻。尤其是晚餐，填腹充饥并不是最重要的，仪式感才是更要紧的内容。用一个学校最壮丽的建筑来给一年级学生做食堂，非随意为之，自有深意：一年级，从养成教育的角度看，正是建立归属感最重要的时刻。

“民以食为天”，中文世界的传统，其实也重视吃饭这件事。口语里，团队成员叫作“同伙”，也常用“一伙的”表示同属于一个团队。所谓“一伙的”，不就是“一起吃饭的”意思吗？重视归重视，只是并没有延续到建筑和环境的筑造中。由此，可以回答二食堂二楼大餐厅中，塑造空间仪式感的场所意义，也可以解释庄严空间的停留性。其所引用的空间传统，的确不同于往常。一个简洁的、对称的、向上的人字形空间，在此处，就餐的仪式感与美食同样重要，吸引人驻足的，恰恰是崇高性。对照马斯洛需求层次理论，这个场所，从满足生理需求（physiological needs）的最低层次，跨越到爱和归属感（love and belonging）的第三层次，甚至还意图靠近自我超越需求（self-transcendence needs）的最高层次。因而这个空间意象，与充满神性的教堂接近，参照英美系大学的传统，用的是拿来主义。

看起来只是露明了屋架，事实上，设计过程并非如此轻松。原本的木屋架质量较差，构件互相交叉重叠，望之眼花缭乱，并无多少庄重神圣的味道。设计师最后选择以一个从顶到墙的白色格栅表面，将不必要的屋架上弦杆以及各种管线摒弃到视觉以外，这个做法虽然简单，得来却非常费工夫。可以说，既是设计中最着力的所在，也是整个二食堂改造的亮点。空间还是那个空间，构件还是那些构件，设计师做的最重要的事，就是重新解读，重新定义。

二食堂改造完重新开张至今，颇受欢迎。从我进校几十年来，第一次看见它上下两层楼全开。算是为它这个“二”字正了名。整个改造设计，其复调叙事的空间表情，超越同类作品层叠多义时常见的厚重与暧昧，而呈现清新隽永的调性，是设计师着力用心的所在。此种独特性，源于设计师在诸多要素间的平衡与取舍，也依靠于他们对人性和功用的细心体察，更有赖于不改初衷的人文情怀。

注：

1. 本节来源于《浙江大学玉泉校区二食堂改建》，于 2018 年 10 月 5 日，发表于《城市建筑》，文章作者陆激、冯余萍。

2. 图片来源于浙江大学建筑设计研究院有限公司建筑一所。

3. 本节由 CRC 团队编纂整理。

图 2.2-1 CRC 明信片设计（图片来源：门子轩）

校园与建构

2.2 华家池第一食堂更新改造

ZHEJIANG UNIVERSITY HUAJIACHI CAMPUS CANTEEN RENEWAL

更新时间 / 2019　　项目区位 / 浙江省，杭州市　　建筑面积 / 1600 ㎡

设计团队 / 浙江大学建筑设计研究院有限公司·建筑一所

建筑设计 / 陆激，郑为

图 2.2-2　华家池第一食堂原外立面

缘起

华家池第一食堂始建于 1957 年，是浙江大学华家池校区在解放初期的重要校园建筑。2017 年华家池校区的诸多老建筑由浙江省人民政府公布为第七批省级文物保护单位，其中第一食堂被定为重要风貌建筑。

华家池第一食堂为单层砖木建筑：人字木屋架，平瓦屋面，砖砌承重墙体，其东面小部分为后期加建的钢筋混凝土框架结构。建筑高度为 11.602m，建筑面积为 1600m^2，原功能为食堂兼礼堂。此次修缮改造为修整外立面，使其保持原建筑风貌，装修室内空间，使其满足校园师生的就餐需求（图 2.2-1、图 2.2-2）。

图 2.2-3　第一食堂现外立面

2.2.1 修旧与革新

华家池第一食堂修缮改造，在外部，尊重老建筑历史风貌，谨慎利用现代修缮技术，最大限度接近原建筑风貌修复；内部装饰设计则大胆构想，巧妙利用传统室内隔断元素“屏风”将美观和功能完美结合为一体。室外部分设计延续了原建筑外立面的风貌，通过现代的修缮技术修复了破损漏水的屋面、风化剥落的外墙，秉承“修旧如旧”“保持风貌完整性”的修缮原则，将老校园风格继续传承下去（图 2.2-3）。

2.2.2 文化与融合

室内部分设计以“农”为主题，结合屏风隔断和内墙面，融入“麦穗”“田野”等绿色主题元素，营造出轻松、活泼的就餐空间，同时也契合了华家池校区农业学科的传统校园

文化。

2.2.3 构造与匠心

设计将中间部分屋架露出，在营造出高大空间体验的同时又让人直观地感受到老房子建筑结构之“美”。室内通过新建钢结构体系，使其独立承受室内所有吊顶以及吊顶内部设备的荷载，又将新增钢结构巧妙地结合实际功能隐藏在室内屏风隔断里，在室内营造出通透和干净大空间的同时，又让人丝毫感觉不到其结构构件的存在，是设计的“匠”心

图 2.2-4 浙江大学华家池校区食堂入口正立面图

所在（图 2.2-4、图 2.2-5）。

结语

项目建成后，及时缓解了校园师生就餐拥挤的不便情况，为师生提供了一处宽敞舒适的就餐空间，成为浙大华家池校区最引人入胜的食堂，众人纷纷“打卡”，享受着美食和优美的就餐环境。

图 2.2-5　室内装潢

注：

1. 本节来源于浙江大学建筑设计研究院有限公司建筑一所。
2. 图片来源于浙江大学建筑设计研究院有限公司建筑一所。
3. 本节由 CRC 团队编纂整理。

FLOW

&

INTERACTION

图 2.3-1　CRC 明信片设计（图片来源：穆特）

校园与场所

2.3 紫金港学生街更新改造

RENEWAL OF STUDENT STREET IN ZHEJIANG UNIVERSITY (ZIJINGANG CACAMPUS)

更新时间 / 2018　　项目区位 / 浙江省，杭州市

设计团队 / 浙江大学建筑设计研究院有限公司·建筑一所
建筑设计 / 陆激，冯余萍，吴启星，潘佳梦，徐慧霞

缘起

浙江大学紫金港校区学生街位于紫金港东教学区，西邻启真湖，全长近450m，宽10m，是连接东区东一至东四4个教学组群的主要通道。学生街作为东教学组群的骨架及重要空间节点，其现状却面临着空间使用效率低、功能单一、空间品质较差、缺乏设计、设施设备缺失等问题。

以浙大120周年校庆为契机，学生街改造项目引入“学生的课余文化生活”的校园文化主题，在学生街内植入并整合生活服务、文化交流、展览展示、休闲餐饮等新功能，改变东教学区单一教室组群的空间属性，提升东教学片区的文化属性，形成“质朴、活力、创意、多变、鲜艳、温暖”的新型多元大学教育空间。

图 2.3-2　浙大文化长廊

2.3.1 单一与复合

“执斧伐柯，其则不远”。2002 年何镜堂院士主持设计的浙江大学紫金港东校区，到今天已经二十余年。校园要传承，也要引领创新。日新月异的教学、研究活动，一遍遍重新定义空间，校园因此由单向度走向多向度，由狭义走向多义，从单一走向复合。加改建不断丰富着校园肌理。东教学区悄悄“生长”出不少餐饮和活动空间；生活区也被置入了不少自习教室；咖啡吧成了每栋学院楼的标配，细数不下数十家……

越来越多的当代实践还进一步证实，复合不仅仅是方便的需要，更是交往的结果。人和人的互动，是复合最根本的动因（图 2.3-1、图 2.3-2）。

图 2.3-3　浙大文化长廊灰空间

图 2.3-4　浙大文化长廊麦斯威咖啡 BOX

2.3.2 稳定与动态

在校园主教学区植入非课堂型的教育空间，整合了生活服务、文化交流、社团活动、展览展示、休闲餐饮等新功能后，如何从空间设计的角度，紧紧贴合教育空间的主题，把“动”的空间和“静”的空间分而不隔地进行复合，是首先要考虑的问题。设计以植入“BOX”和“灰空间”再利用两种不同的策略来回应这个问题。以玻璃和钢，建造六面围合的“BOX”空间，将传统意义上与学习无关的功能整合，小至 12m² 的心理系社团，大至 2100m² 的供餐点，植入这个 450m 长的“大走廊”。半开放的“灰空间”空间以顶面和地面来限定范围，呼应传统的学习空间，布置宽松的座位、照度适宜的 LED 灯具、带 USB 的插座、高速 WIFI，以及 VRF 空调系统。营造了学习氛围，却也是个开放空间，经过的同学不由地放慢脚步，融入其间。

图 2.3-5　浙大文化长廊社团 BOX

2.3.3 构建与场景

在课间，针对紫金港东校区教学区与食堂距离过远的问题进行破题，再植入“供餐点 BOX”后，完美解决了同学们上下午课间的 40 分钟往返的问题，而原来“没地方吃，没时间吃”变为“就地学习，就地吃饭”。更重要的是，因为串联了“麦斯威咖啡 BOX”和“西点房 BOX”，“学生街”真正对浙大的同学进行了“贴身服务”。

在课后，除了各“社团 BOX”，也引入了空间第二大的“健身 BOX”供同学们自由选择。除了在教室自习，设计师有意识地引导同学们在“灰空间”学习讨论区自习，半开放空间可以包容各种“松弛度”的学习状态（图 2.3-3～图 2.3-6）。

图 2.3-6　浙大文化长廊咖啡厅

“供餐点 BOX”作为整个学生街响亮的空间核心，设计以建立“归属感”为出发点，每一处形态、材料和手法选用

图 2.3-7　浙大文化长廊咖啡厅中庭

中，都会自问：哪种选择能留住人。

设计首先摆脱了传统食堂桌椅“排大队”的模式 ，提出将供餐点作为“学习空间，兼顾食堂”的崭新理念。整体空间采用温暖的木色木纹铝格栅隐蔽管线，涂装木饰面，实木餐桌椅，木纹地砖，一致的色彩体系和材料质感，提供统一空间性格，结合“定食”的供餐形式，空间简洁，使用高效，没有嘈杂和拥挤，只是简单的安静停留。

设计同时引入“空间泡泡”以弱化一层新增的20根钢柱，增加空间层次。空间由内往外，以紧凑过渡至休闲，引入“智慧树”作为空间节点，寓意杏坛讲学，树下自学。树上垂下星空般的“卵石灯”，结合格栅间的“星河”，平添几分轻松和华丽（图2.3-7）。

结语

世界已进入了21世纪20年代，与新建教育建筑不同的是，存量教学空间如何从空间出发，进行新功能、新需求的再复合，再利用，再优化，是目前建筑更新的新课题。

从“学”出发，做好空间对“学”的全领域服务，是对老空间的新解读；从“用”出发，设施设备的现代化、智能化是提升的关键要素；从“人”出发，空间与功能，功能与装饰，装饰与人，最终是“人”来用，人与空间互动，阳光与风雨留下刻痕，青春的悸动留下记忆，大师们留下传说，校园最终成长为它本该有的样子。

注：

1. 本节来源于浙江大学建筑设计研究院有限公司建筑一所。
2. 图片来源于浙江大学建筑设计研究院有限公司建筑一所。
3. 本节由CRC团队编纂整理。

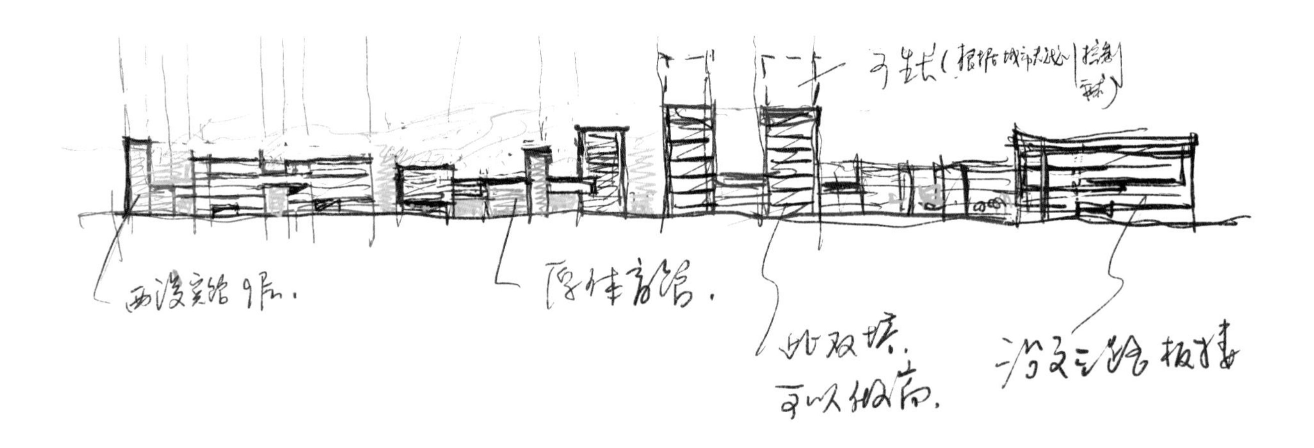

图 2.4-1　浙江大学西溪校区整体更新方案东侧界面设计稿

校园与城市

2.4 西溪校区整体更新改造

OVERALL RENEWAL OF
XIXI CAMPUS OF ZHEJIANG UNIVERSITY, HANGZHOU, CHINA

更新时间 / 2022　　项目区位 / 浙江省，杭州市　　建筑面积 / 440394 ㎡

设计团队 / 浙江大学建筑设计研究院有限公司·建筑创作研究中心
建筑设计 / 董丹中，胡慧峰，蒋兰兰，谢锡淡，余之洋

图 2.4-2　浙江大学西溪校区整体更新方案东侧鸟瞰

图 2.4-3　浙江大学西溪校区整体更新方案整体鸟瞰效果图

缘起

党的二十大报告指出，教育、科技、人才是全面建设社会主义现代化国家的基础性、战略性支撑。高校作为科技第一生产力、人才第一资源、创新第一动力的重要结合点，浙江大学深刻认识到学校在新时代新征程的战略使命，形成多中心、多主体、多层次、多样性的办学体系，为学校开展前沿性科研创新、高水平社会服务、开放式办学等提供优质条件，也为学校优化学科布局、拓展办学辐射、提升校城互动提供了基本保障。浙大西溪校区规划建设始终紧密对接国家重大战略需求，符合国家坚持高水平科技自立自强、高层次人才引领，深入实施创新驱动发展战略。

与此同时，当代大学逐渐向社会靠拢、向城市融合的趋势不可逆：大学独特的文化精神内涵对城市产生深刻文化影响，城市则通过产业结构的变革影响着大学的教学进程，两者的关系日益密切。显然，在教育产业化、后勤社会化的大背景下，以往围墙与城市相隔的封闭化管理已然不能实现校园与城市之间的资源共享、互利共生。如何改善西溪校区“校一城”边界空间现状并激发其空间活力，使其成为校城融合示范区成为本案的关注点与立足点（图 2.4-1 ～图 2.4-3）。

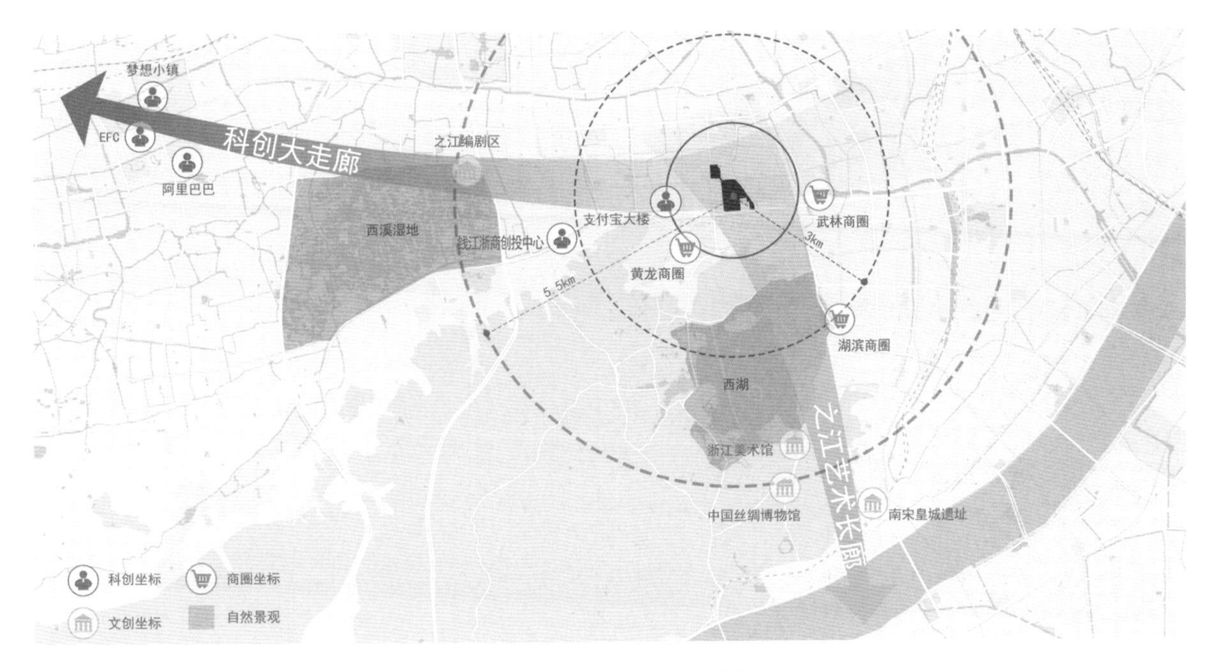

图 2.4-4　浙江大学西溪校区区位分析图

2.4.1 传承与变革

浙江大学西溪校区位于杭州市西湖区核心版块，地处杭州高新技术开发区、黄龙商务圈，在区位、交通、环境等方面都有显著优势，综合办学条件优异，是城西科创大走廊和之江艺术长廊的重要策源地和“一城双廊”的交汇点。结合国家战略科技新高地打造的要求、杭州市人民政府与浙江大学的全面战略合作框架、西溪校区本身的发展定位和历史环境，在此布局发展创新、创意、创业为重点的校城融合区具有显著优势。同时西溪校区也面临着停车混乱、周边用地产权不清、校城边界生硬、局部轴线空间模糊等问题（图 2.4-4）。

以此为依据，西溪校区规划目标和定位为以下四点：

①重塑老校区——挖掘西溪校区文化元素和历史记忆，更新与提升老校园环境。

②对接城西大走廊——立足西湖区城西科创大走廊和之江艺术长廊，共谋西溪科创街区创新综合新高地。

③西湖文脉延续——以西湖文化景观为背景，研究校城融合区更新与改造一体化新典范。

④城校融合新政策——有机评估校园内核区与校城融合区价值，深度挖掘校城融合区板块的潜力。

在对西溪校区的更新中，创新提出校园更新可分为校园核心区和城校融合示范区的新思路。不同区域采取不同的更新策略：校园核心区保持容量不变，重点在于优化和梳理；城校融合示范区则以改造 + 新建为主，提升城市界面、树

行

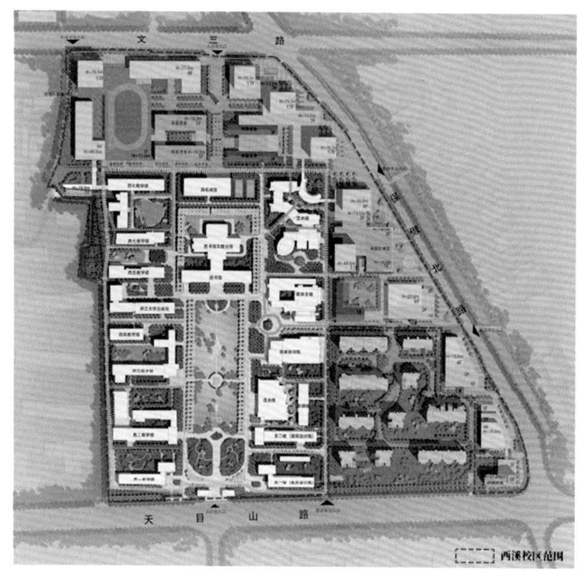

图 2.4-5　浙大西溪校区校园核心区

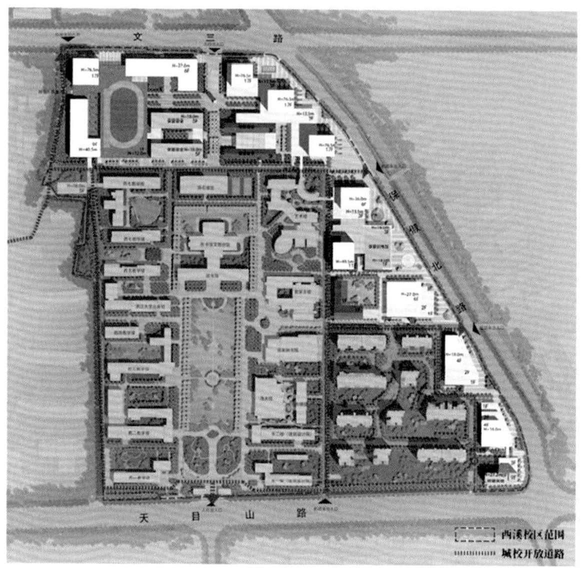

图 2.4-6　浙大西溪校区城校融合示范区

立示范效应。

①校园核心区的优化整理

拆除西侧冗杂厂房，优化梳理校园车行流线，主要车行道路沿着校园核心区外围布置；

改造部分建筑，包括逸夫楼、东横楼等，让校园形象更为完整。

②城校融合示范区的综合打造

拆除杂乱建筑，改造体育综合楼，新建科创中心、人工智能技术创新和科技成果转化、校地研究院总部、继续教育综合大楼、服务配套等，容量增加；

沿着文三路和保俶北路的建筑朝向城市道路开放，充分发挥其经济价值。沿保俶北路部分建筑锯齿形布置，延展了商业界面。城市开放界面长度达到 900 多米；

改变现有校园完全封闭的状态，将校园核心区外围道路向城市开放，缓解城市交通压力，最大程度做到校城融合。沿保俶北路的新建建筑适当内退城市道路，留出楔形广场空间及绿化空间（图 2.4-5 ～图 2.4-8）。

2.4.2 技术与艺术

西溪校区将遵循创新体制机制、集聚优势资源、强化需求导向、争创世界一流的建设原则，围绕国家区域发展重大需求，以创新、创意、创业为主线，充分整合政府、高校、企业等资源，以突破引领、学科交叉、综合集成、对标一流的建设要求，重点聚焦数字经济、艺术文化等重点领域，构

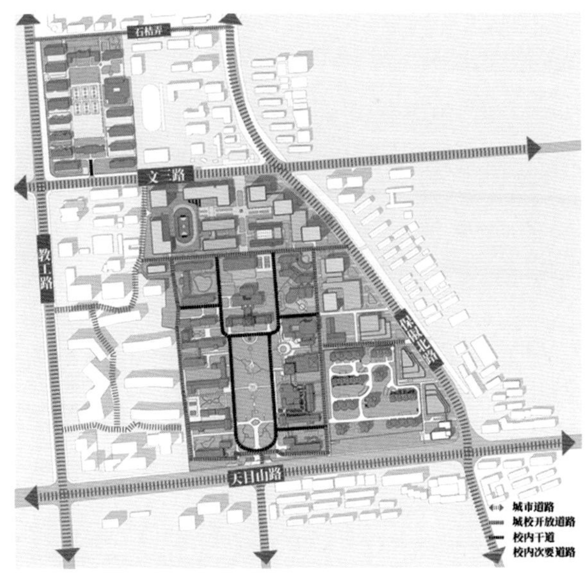

图 2.4-7　浙大西溪校区道路分析

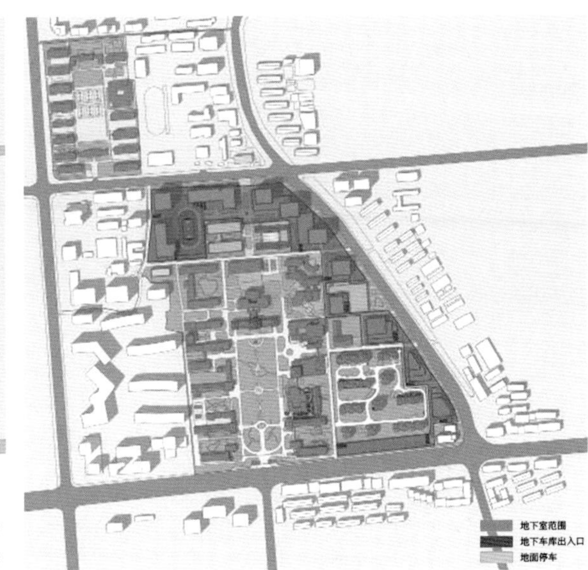

图 2.4-8　浙大西溪校区停车分析

建充满创新活力和校城互动的区域经济社会融合发展平台，更好地实现让城市亲近大学、让大学赋能城市，建成集高端培训、技术研发、成果转化、产业孵化、创业实训、文化创意等功能为一体的“世界名校 + 开放式校区 + 生态化街区 + 智慧型园区”四位一体的校城融合区，打造成为杭州城西科创大走廊重要的东部延伸示范区和西湖区科技创新的新引擎，实现之江艺术长廊和城西科创大走廊的交相辉映。

2.4.3 承载与通融

交通优化集中在停车位的重新规划和交通流线的综合梳理上：

由于现存建筑中没有地下停车库，用地中也没有地面停车场，所以在规划中结合运动场和将要建设的建筑设置多处地下停车库。尽可能以大量的地下车库设计结合少量的地面停车位、立体停车位解决停车问题。同时在地下车库尽量安排在靠近校区入口的地方，最大程度减少内部车行交通的压力。现有地下停车面积：101453m^2，地下停车位数量有 2255 个。

而校园车行流线经过重新梳理布置在校园核心区外围。城校融合区道路对城市开放，缓解城市交通压力的同时，引导人们将车停在附近的地下车库，以步行流线穿梭在城校融合区，营造可逛可停留的城市街区。

城校融合示范区的景观梳理分为外侧城市景观梳理和内侧校园景观梳理：

图 2.4-9　浙大西溪校区东侧道路视角

沿保俶北路的新建建筑适当内退城市道路，留出一系列的楔形广场空间及绿化空间，与东侧西溪结合，打造西溪校区景观带，一路往南延伸到西湖，塑造有记忆、有历史、有生活的城市景观。在城校融合区内侧，围绕新建建筑的围合中庭和道路景观，与校园核心区景观公共串联起西溪校区的整体环境（图 2.4-9、图 2.4-10）。

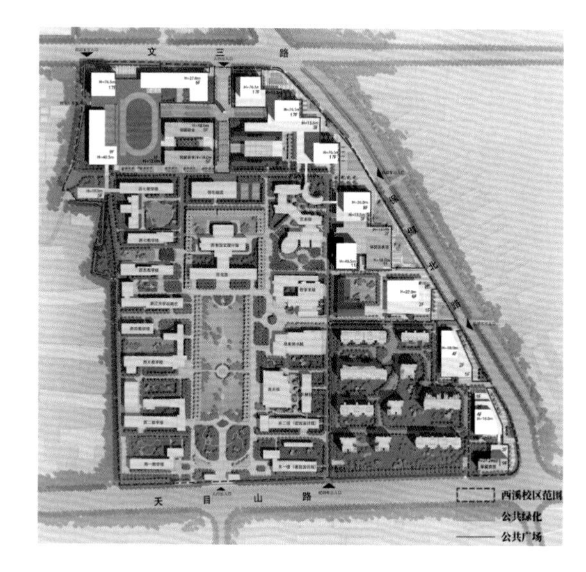

图 2.4-10　浙大西溪校区景观梳理

结语

西溪校区独有的区位优势和校园文化势必导向城校融合的校园改造目标。结合西湖区政府和浙江大学的规划和定位，西溪校区将聚焦国家战略需求，发挥价值引领和文化引领作用，充分激发西溪校区的文化创新活力，重点突显设计创意文化特征，融科教文化与创意产业新貌于一体，成为积淀深厚、特色鲜明、优势突出的区域文化（产业）地标。西溪校区将成为以设计产业为龙头的、产学研为一体的设计学校区＋创智园区＋高端培训基地的城校融合的新型校区。

注：

1. 本节由浙江大学建筑设计研究院建筑创作研究中心供稿。
2. 图片来源于浙江大学建筑设计研究院有限公司建筑创作研究中心。
3. 本节由 CRC 团队编纂整理。

图 2.5-1　浙江大学西溪校区整体轴线更新策略（图片来源：国际设计中心）

校园与自然

2.5 玉泉校区整体更新改造

ZHEJIANG UNIVERSITY YUQUAN CAMPUS IMPROVEMENT PLAN

更新时间 / 2022　　项目区位 / 浙江省，杭州市　　建筑面积 / 674460m^2

设计团队 / 浙江大学建筑设计研究院有限公司·国际设计中心
建筑设计 / 门阁，李寅，徐佳
学生团队 / 陈依依，田润泽，郭春莉

图 2.5-2　玉泉在城市中的定位

缘起

浙江大学玉泉校区作为浙江大学历史最为悠久的校区，从 1950 年代开始建设至今，见证了杭州市城市发展的各个阶段。如今，随着城市发展和时代变迁，玉泉校区在杭州城市的区位关系、功能定位和未来发展都发生了新的变化。同时玉泉校区也面临着停车混乱、路权不清、校城边界生硬、局部轴线空间模糊等问题。作为西湖风貌管控区的重要组成部分和城西科创大走廊的起始点，玉泉校区的整体更新和提升计划显得尤为重要，也是杭州下一步城市发展的关键点。

因此该项目课题希望通过详实仔细的系统性分析和梳理，利用针灸式的点状更新策略为玉泉校区的更新和发展找到合适的路径，补充和完善校园和城市的业态，落实校外产业园区的规划和布局，通过引入科技园、文创园，形成学校、企业和政府的多方合作，激发社会和校园活力。加强自然、校园和城市三者的交融关系，通过局部更新不断提升土地价值和空间品质，形成城市更新的良性正循环，并建立一套完整的校园更新工具箱，成为今后国内和国际校园更新项目的范本和模板。

在整体规划策略上，玉泉校区改造希望近期解决痛点、中期强化优点、远期打造亮点的三步走方法。近期改善停车

图 2.5-3　轴线与交通

问题和分级式交通系统，整合校区边界与城市的关系，形成校城互动，增加校园活力和城市活力，同时利用周边两个地铁站带来的地铁效应，进一步激活校园及周边社区，最后修葺和补充校园空间，复兴场所，复兴文脉（图 2.5-1 ～图 2.5-3）。

2.5.1 山水与人文

根据国家出台的相关政策，玉泉校区更新规划思路体系的战略方向调整为“西拥，南融，自疏通”。西拥城西科创大走廊，强化产学研机制，打造实验室体系中的重要节点；南融 “西湖文化圈”，响应各级政府现有计划，提出“山水 + 人文”的“西湖双美”品牌愿景，同时立足西湖“两老”更新改造计划，总结国内外容积率奖励与开发权转让政策参照。

“西拥”科创大走廊则是存在于《城西科创大走廊发展“十四五”规划》中，其中包含互联网 +、生命科学、新材料三大主要阵地，希望利用玉泉校区在空间中占据走廊东部起点重要节点，同时设有大量国家重点实验室的特性，与杭州科技小镇、余杭人工智能小镇、先进制造园等相融，形成独特科创走廊氛围。

“南融”西湖文化圈则分为三个阶段，第一阶段为建国之前，校城联系较弱，采取防御姿态；第二阶段为 1950 年代至 1980 年代，校城联系渐强，开始初步接触；第三阶段为 1980 年之后，放弃防御姿态，拥抱“山水城绿”。通过将西湖景区与浙江大学玉泉校区相结合，实现“西湖”与 “浙大玉泉”名片的深度绑定，打造“学生市民化、市民学生化”的校城文化共同体，最后收起“防御姿态”，促进校

行

图 2.5-4 “南融”西湖文化圈

图 2.5-5 玉泉校区与老和山

与城的“双向奔赴。

“自疏通”来自于西湖“两老”更新改造计划，原政策的政策支持范围则是西湖区管辖范围内，经西湖区楼宇改造提升工作领导小组办公室认定，业态符合西湖区主导产业发展方向的商务商业楼宇、产业园区、旧厂房、高校科研机构用房等，因此改造希望通过积极争取将浙大玉泉更新改造工程纳入“老楼宇”认证，在流程认证、手续处理、资金扶持、多部门协同等方面寻求管委会、各级政府的支持。同时在校园更新改造过程中积极参与“两老”更新改造计划，将更新改造计划纳入西湖区的发展进程中，加强校城联系与融合（图 2.5-4、图 2.5-5）。

2.5.2 格局与交通

玉泉校区作为浙江大学的原主校区，规划结构严谨，采用中轴对称式序列，建筑沿十字交叉展开布局。三合院式的布局空间开敞，中心是大片的草坪，以图书馆或礼堂作为轴线的结束纪念性氛围浓厚。其主轴线两侧的主要教学建筑始建于 20 世纪 50 年代中期，这些教学楼已成为浙大校园文脉的一个重要载体。浙江大学玉泉校区的教学楼沿教学组团中轴线两侧由一组六栋教学大楼（第一至第六教学大楼）组成，采用基本对称的方式布局，中轴线东端是大校门，西端是图书馆。这六栋教学大楼年代相近，风格相似。在这个建筑序列之中，第一教学大楼建成于 1954 ～ 1956 年，主要用于教学及办公的内廊式建筑，在此后的十年里，第二至第六教学大楼陆续建造并投入使用，奠定了浙江大学玉泉校区的主轴线。图书馆建于 1982 年，是校园内现代建筑的代表作，主体建筑利用 5.37m 的地形高差作错层处理，室外利用大

图 2.5-6　玉泉校区风貌变化（1950 ～ 2021 年）

片消防水池与喷水盆景结合，丰富了校园园林公共空间的层次。2000 年后，玉泉校区相继建设了高等数学研究所、曹光彪科技大楼等新型现代建筑。科技大楼分布于体苑路这条主轴线两侧，并放大体苑路形成一个过渡广场，打破了原有道路单调的线性模式，为使用者的交流与活动提供了场所(图 2.5-6）。

而在校园的两纵三横的主要轴线上，交通和节点问题愈发突出。在设计时通过校园热力图对现状进行分析，利用平均人群聚集程度判断不同公共空间的活跃度高低，分析活跃度高的公共空间所具备的优点和活跃度低的公共空间存在的问题。同时通过人群聚集程度标准识别活跃度变化最高的区域，并与功能业态对比分析。将五条热力图进行叠加发现，在工作日科研区域活力较差，教学楼区域、宿舍区域，食堂和操场周边人员活动密度较高（图 2.5-7）。

在校园内的交通问题主要包含停车位不足、人车关系混乱、矛盾突出等问题。在数量和停车路线上均不满足停车需求，校园土地资源有限且现状利用率低；缺乏停车管理，校园空间和路旁停车过多，校园内俨然成为一个大型停车场。同时路权不明、行车混乱、停车随意，存在很大的安全隐患并严重影响校园生活体验和校园形象。团队经过研究，提出“集中停车 + 健康步行”的健康出行理念，即自集中停车点始，步行 10 ～ 15min 至目的地，从而达到健康运动的目的。而在停车问题的处理上，根据实地调查，校园内的停车方式主要分为地面停放、地下停车场两种。许多规划中取消的车位仍在使用、许多车停在划线车位外。规划与现实不匹配，停车需求大。在现有规划中，校园的安全性和环境美观等因

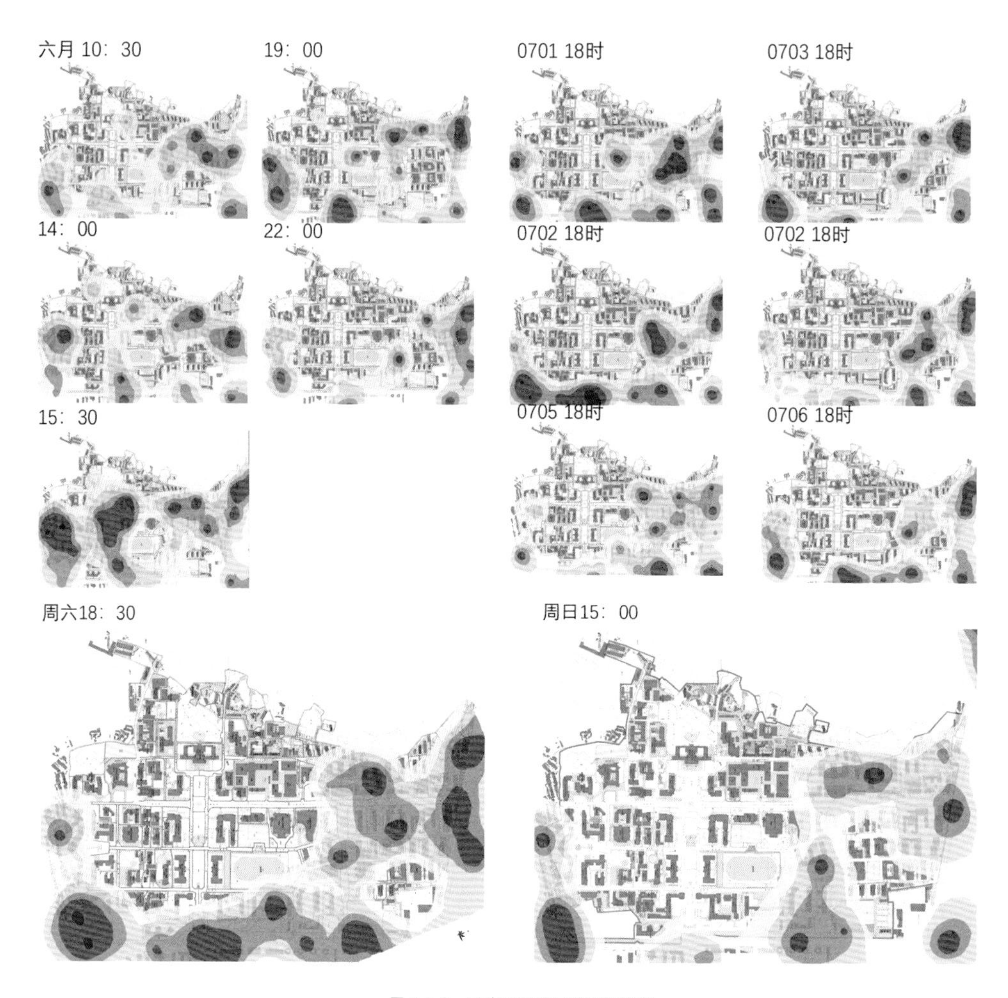

图 2.5-7 玉泉校区校园热力图变化

素并没有被考虑在内，无法达到改善校园交通体验的目的，因此最新的停车改进策略希望与绿化复合：地面停车场地应考虑与地面绿化结合，如在停车车位处植草地砖、景观绿篱等，消隐停车区域，美化校园环境，提高绿色覆盖率。充分利用校园内的空间空隙混合停车，适应灵活的停车需求，较为弹性，同时要避免影响重要公共空间形象。也可与建筑复合建设地下或半地下车库，集中解决停车需求，依靠机械停车减少停车耗占面积，提高停车效率与地形复合：充分利用地形与高差的特点设置地下、半地下停车库。同时结合校园内的地形高差综合设计，减少土方开挖的投资费用、塑造特色景观，并保留地面空间作公共服务。例如同济大学四平路校区在体育馆附近设置停车库入口，修建了地上四层，地下两层的停车设施。在此基础上新建地下 / 半地下停车场可能的位置位于正门、新桥门、北门附近。经过分析验证，自四个集中停车点出发，500m 步行可以覆盖大部分校园范围，达到健康出行的目的，剩余可通过完善校园公共交通接驳解决。

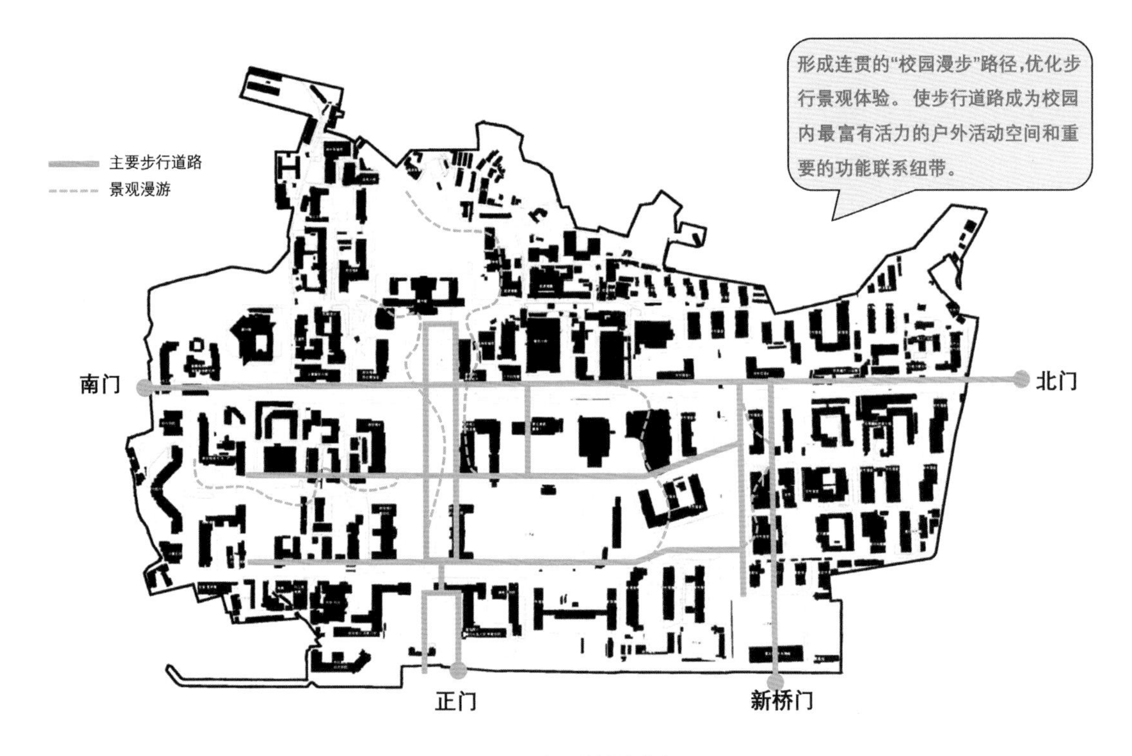

图 2.5-8　交通系统更新策略

而在主要和次要干道上，工作日车流量大，实际通行宽度不满足规范，通行能力受阻导致人行、自行车与机动车混行严重。因此针对主要车行道：机动车拥有主要路权。优化设计考虑车行通道扩宽、机非分隔、步行道拓宽。而针对次要车行道：人行与自行车拥有主要路权。优化设计考虑步行道拓宽，机非可以适度合并。以主要车行道 —— 智泉路优化为参考，双向车道≥ 6m，自行车道≥ 3.5m，人行宽度≥ 1.5m。而在校内单行车道与车辆限制区域优化上，由于核心主轴线与体苑路至曹光彪大楼轴线串联起了校园最重要的公共空间，这两个轴线空间也是校园步行流量最大、校园活动最频繁的区域。将其作为校园核心区予以保护，限制过多机动车的进入，因此在校园机动车通行轨迹与流量的分析基础上，结合现状道路，梳理出校区内部的单行系统，将求是北路东向西，求是南路西向东，体苑路北向南，崇德路南向北均设置为单向通行（图 2.5-8）。

针对人行系统，主要存在步行环境不友好以及步行系

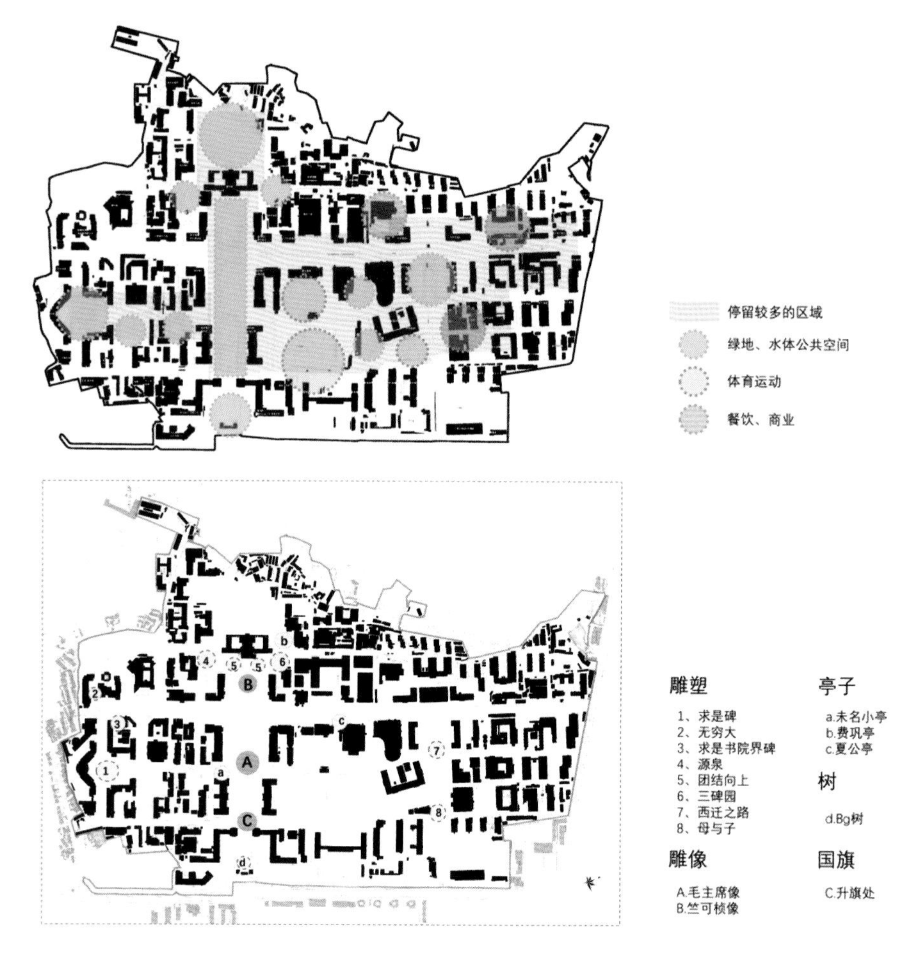

图 2.5-9　景观与空间节点

统不连贯的问题，许多道路没有良好的步行条件，导致行人经常需要走在机动车道上。而针对自行车系统，则主要存在骑行环境不友好、停车不规范、环境不美观等问题。自行车通道宽度不够、被停车占据等因素导致自行车抢占机动车道的情况，同时临时搭建车棚的情况十分常见。因此希望形成连贯的“校园漫步”路径，优化步行景观体验，使步行道路成为校园内最富有活力的户外活动空间和重要的功能联系纽带。

同时由于整体校园较老，其道路改造应尽量采取低影响的办法，以主要步行道路——求是北路优化作为参考，在主要步行道路中明确行人与自行车的路权，原有 1.5m 人行道实际通行宽度不足 0.5m，保留作为停留休憩空间，考虑增加座椅设施，增加 1.5m 宽的人行道作为人行通道，改变地面铺装，合并机动车与非机动车道。最后集中停车场出入口接入步行系统，达到健康出行理念的闭环循环（图 2.5-9）。

图 2.5-10　边界空间改造前

图 2.5-11　边界空间改造意向

2.5.3 独立与交融

针对玉泉校区“学科群融合”，其研究涉及多个学科，包括教育学、管理学、规划与建筑学等多种学科，在建筑学领域的研究尚少。但多个领域之间存在一定的联系。若想通过建筑的方式更新、改善学科与学科之间的关系，首先需打破学科边界的空间融合，形成学科间的融合与协作关系，以促进相互间人员、信息的流动，以及提高资源利用率，从物质空间上创造有利于学科交叉的环境。如设计师伍兹·谢德拉克在设计柏林自由大学时，就曾经提出学科交叉环境的构想：大学的主要功能是鼓励从事不同学科的人们之间的交流和智力更新，来扩大人类的知识领域，增强人们对集体行为和个体行为的控制（图 2.5-10、图 2.5-11）。

以航天航空学院与土木学院产生密切关联的节点改造为例，在调研中发现两学院、跨学科联系、共享的需求逐渐产生，而目前建筑空间还未能满足其需求，实验楼普遍存在门厅小、缺少非正式的公共交往空间的问题，教学区缺少商业功能，难以满足目前师生日益增长的多元化需求。因此针对两个学院自身特点，拓展使用空间。针对航天航空学院，则将新结构实验室作为航天航空模型的展示空间，室内区域作为大型模型，如战斗机、火箭、发动机等的展示区域；拓展到室外作为小型模型的展示区域，以形成学科氛围。针对土木学院，则增强土木科技楼各个入口的公共性，减少停车空间，增加停留与展陈交流空间，同时校园标识系统融入校园文化符号，局部架空增设咖啡馆、学生长廊，通过非正式的交往空间来激发引发探讨或放松思绪。

校外围墙是简单直接的标记城市与校园的边界，剩余空间沿围墙布置形成“服务空间”用于支持校园运营，视觉和味觉上阻挡校外凌乱的“建筑背面”。

校内围墙则是简单直接地标记教学与生活的边界。现有的北侧校外围墙界面单一，缺乏活力和生活气息，南侧校外围墙剩余空间围绕其布置，形成“服务空间”用于支持校园运营，但同样空间和功能简单直接，缺乏统一的规划。而校内会有部分区域需要简单标记不同功能区的边界，例如教学和生活区，此种方式阻断了学生日常的行走流线，使室外空间变得局促。

因此对于校外围墙，希望通过增加围墙厚度形成停留性空间和过渡空间，为校内外人员提供非正式的社交空间，以此来形成新的边界界面，塑造校园积极空间，形成过渡带，与城市产生交流，形成与城市对话和校园展示的窗口。而对于从西湖引入的玉泉校区护校河，虽然简单直接地标记了校内与校外的边界，但其同样阻碍了城市与校园的关系，失去了亲水性，特别是活水带来的灵性，因此希望通过增加停留性空间加强河道的亲近感，为学生和教职人员提供非正式的社交空间，形成新的边界界面，与城市产生交流。同时针对校园的“桥”和 “门”， 需适当扩大桥面宽度和增加桥梁，满足车行和人行需求，扩大校门前场空间，形成校门广场并塑造校园形象，与城市形成交流，最终梳理并完善校园车行人行分流，解决拥堵问题和安全隐患。

而针对最重要的自然山体 —— 老和山，入口设计生硬，与山体整体呼应不够足。例如入口处以坡坎作为界限，与山体缺乏视觉联系和空间联系。同时通往老和山和茶园的通道过于隐秘，识别性过低，在许多小型节点空间界限关闭，阻断与老和山的联系。设计希望适当打开山脚空间，提升上山道路的可识别性和进入性，延伸主轴线，延续玉泉校区与老和山的轴线联系，最终在保证校园安全的前提下，与城市管理者协调完善杭州城市徒步线路。例如原有的老和山坡坎，与校园关系割裂，以围墙形式出现，缺乏与自然空间的联系，形成消极空间。通过打破围墙，降低地面高度，增强与校园的视线联系，局部开口与茶园连接，增加与自然联系，最终在校园、城市、自然之间形成徒步道，交织共融，形成良好氛围（图 2.5-12、图 2.5-13）。

结语

从 20 世纪 50 年代开始规划建设的玉泉校区，是浙大重回杭州后的新起点，也是杭州“景观城市”发展的重要节点。它的主轴线由宝石山最高峰和老和山最高峰之间的连线确定，并由此形成了旋转 30° 的网格系统，这最初始的动作已真诚地映射着校园对自然的尊重和延续。

光阴似箭，玉泉校区即将陪伴着浙大人度过几十年春秋。随着大学的扩招，老校区们逐渐满足不了教学的需求，所以包括浙江大学在内的很多大学都纷纷开始营建面积更大、设施更齐全的新校区。我们希望玉泉校区如同古希腊哲学中的忒修斯之船一样，不断地进行着自己的新陈代谢，让其中凝练着的浙大人的求是魂历久弥坚，依然陪伴着我们每个浙大人航行在波涛汹涌的学海之中。

图 2.5-12　学科集群空间改造前

图 2.5-13　学科集群空间改造意向

注：

1. 图片来源于浙江大学建筑设计研究院有限公司国际设计中心。
2. 本节由 CRC 团队编纂整理。

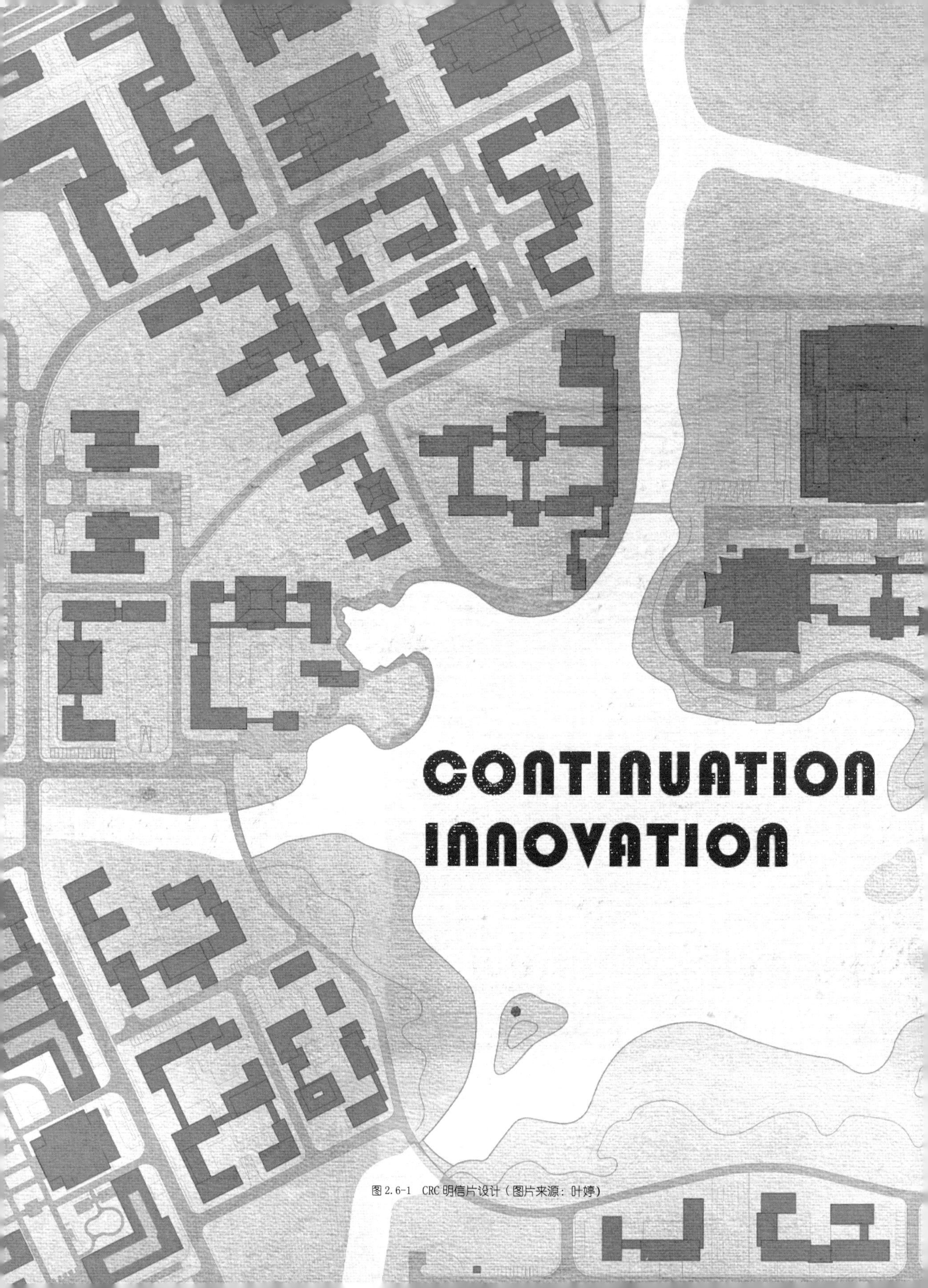

CONTINUATION
INNOVATION

图 2.6-1　CRC 明信片设计（图片来源：叶婷）

校园与地域

2.6 紫金港核心区功能提升

STUDY ON THE ARCHITECTURAL FEATURES OF THE WEST CENTRAL AREA OF ZIJINGANG CAMPUS

更新时间 / 2022　**项目区位** / 浙江省，杭州市　**建筑面积** / 13000 ㎡

设计团队 / 浙江大学建筑设计研究院有限公司·黎冰大师工作室
建筑设计 / 黎冰，王雷，刘玉飞，叶婷，栾清扬

图 2.6-2　西区核心区现状

缘起

浙江大学紫金港校区西区紧靠已建成的东区，由求是大道将东西两区隔开。西区围绕中心湖以“多心复环”的规划理念，营造尺度适宜的校园空间，并对“大学园林”的概念作拓展延伸，充分利用和保护原有用地的湿地生态，营造江南水乡的环境特色。功能上以学科交叉平台为核心，连接各个学科组团式的建筑群体组成的单元“社区”，共同构成一个有机的整体。紫金港校区西区从2009年启动建设以来，陆续完成了求是书院建筑群落、人文社科组团、理工农组团、学生生活组团、紫金港校区南大门、西区图书馆的建设，整个紫金港西区也即将进入最后学科交叉平台的规划设计阶段（图 2.6-1、图 2.6-2）。

浙江大学紫金港校区的规划建设总体分为东西两区，分区、分期进行，紫金港校区东区在总体布局上采取的是围西区绕中央带展开的院落式空间布局模式，突出校园空间的多样性。而紫金港西区总体布局立足于东区现有的规划建设成果之上，延续了东区保护生态、顺水而生的自然观，形成了以湖为“芯”，向外辐射的环状结构。结合西区规划资料，其风貌分区较为清晰，由六号路、宜山环路和求是大道围合而成的区域构成了浙江大学紫金港校区西区核心区（图 2.6-3）。在新时代和新的教育建设理念下，校园建设需兼顾自然、城市、校园文化等要素，浙江大学紫金港校区西区中心区风貌研究成为亟待研究的课题。

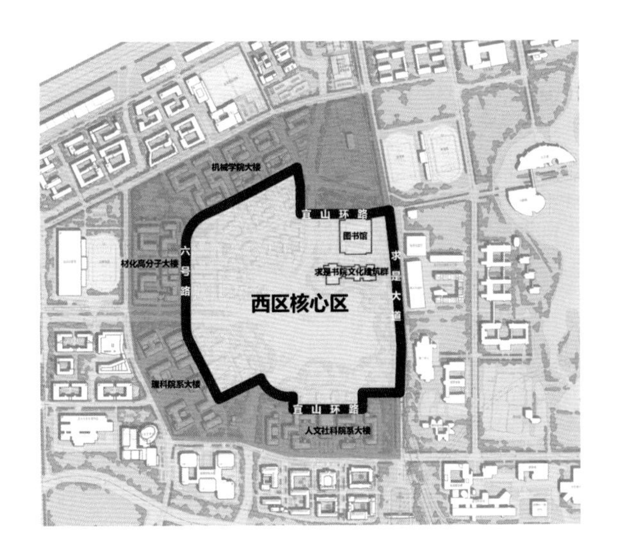

图 2.6-3　浙江大学紫金港校区西区核心区定位图

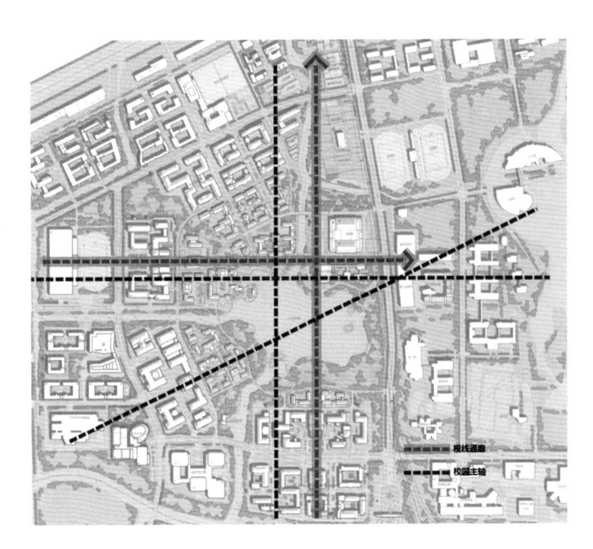

图 2.6-4　轴线与视线通廊图

2.6.1 自然与布局

浙江大学紫金港校区西区整体用地处杭州西溪湿地区域内，原有植被茂密，本身具有较为丰富的水系，河流水塘密布，呈现出典型的江南水乡和湿地环境特征。浙江大学已建成的东区校园规划设计中，主要建筑功能组团沿着南北方向贯穿校园的生态绿带错落布置。而在西区的规划设计中，注重保留了大量的水系和绿地，利用自然环境巧妙地营造景观，突显校园园林化的特色，并延续湿地景观风貌。西区中心区与核心景观水系之间存在紧密的自然关系，如何处理利用好建筑与自然基底的关系，塑造“园林校园”的风貌特色是紫金港校区西区中心区面临的最主要的问题。

独具特色的自然条件是西区中心区建筑风貌特色塑造的根本，应从整体布局和周边联系两方面进行考虑。首先，在宏观的整体布局上，顺应自然地形，顺势而为，以自然的组团式布局与湿地环境有机结合，融入江南传统园林的自然观的特色，合理布置朝向以呼应自然景观。其次，在建筑群体关系和空间序列上，合理控制轴线对位关系，塑造中心区与校园之间的视觉通廊，并且考虑建筑的尺度形式与自然景观的协调性（图 2.6-4）。在建筑高度方面，充分考虑沿西区中心湖界面与周边建筑之间的视看关系和天际线轮廓，避免不合理的视线遮挡，确保沿湖界面的协调性与美感。

除去已建成的求是大讲堂和西区图书馆，将西区中心区按照校园规划道路划分为地块一到地块五，各个地块以开放院落的形式形成可分可合的功能单元，注意底层空间的开

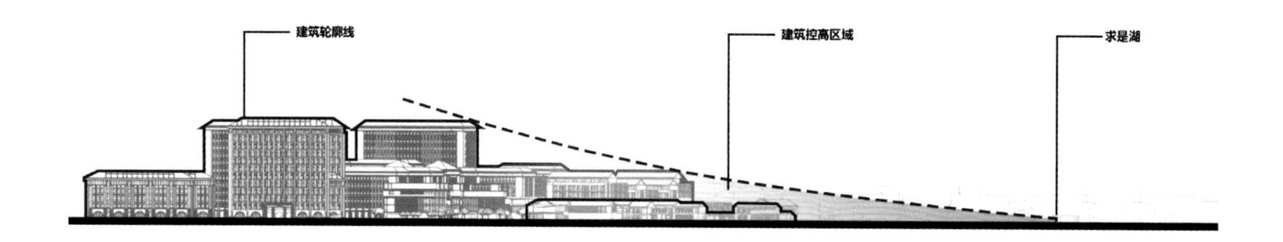

图 2.6-5　建筑高度示意图

放性，以适应交叉学科的共享需求。在院落数量上进行合理控制，形成疏密有致的布局。中心区以院落型组团为主，布局形式相对自由，宜考虑与周边学院组团的布局关系，控制三条主要轴线和两条主要的视线通廊。组团内部关系以正交布局为主，局部标志性空间可以采用非正交的轴网布置。通过校园公共空间与滨水区域的视线通廊，增强校园空间层次感与渗透关系。

由于中心区与西区核心景观呈环绕关系，所以中心区建筑在设计中应特别注意建筑高度对视觉通廊的影响。在西区原有规划中，中心区建筑以多层建筑为主，应结合实际情况考虑以湖为中心多个方向的天际线形态，并兼顾周边学科教学组团对中心湖景观的视看关系，对中心区各个地块的建筑高度进行分级控制，朝向中心湖方向逐渐降低（图 2.6-5）。同时，与湿地景观相结合，形成富有韵律、形态多变的校园轮廓线。

2.6.2 成规与变革

杭州以其优美的自然景观、古典园林和悠久的历史而闻名，滋养了浙大这所百年老校。这座典型的江南城市，既拥有“人间天堂”之誉的西湖美景，又因丰富的河流、湖泊和小桥流水构成了杭州独特的水乡风情，自古以来强调自然、浪漫、人文之美。杭州有着独特的建筑风格，融合了江南水乡和传统园林的元素，传统建筑多采用木结构，青砖灰瓦，富有江南韵味。西区中心区内现已建成的求是大讲堂和西区图书馆，在布局上融入江南园林的思想，在建筑形式风格上秉承传统建筑的特色，延续求是书院的文化基因，采用灰白色石材外墙结合传统歇山顶的形式，塑造具有地域特色又不失现代感的校园环境（图 2.6-6）。求是大讲堂和西区图书馆作为建设的起始点，对西区中心区建筑风貌特色有一定的引领作用，而在待建设区域中注重融入地方传统建筑特色，难点在于如何权衡“继承”与“创新”之间的关系，需要通过适当的导控确保中心区建筑风貌特色的多元统一。

图 2.6-6　学科交叉组团意向图

湿地风貌、西湖文化、江南园林的丰厚底蕴和多元的积淀可以为传统形式的创新设计提供丰富的原型依据和素材。在中心区建筑风貌引导中，通过对建筑形体、屋顶尺度、立面风格的具体控制，把握住影响地域特色的基本元素，确立具有一定江南传统特色的建筑基调，在此基础上进行创新。在建筑立面设计上，应结合建筑内部功能，合理布置窗墙比，在开窗风格和立面划分上适当融入新中式的元素，营造杭州传统的江南韵味。

紫金港校区西区已建成的建筑屋顶主要采用现代形式的四坡屋顶，中心区外围的学科组团之间的屋顶形式也相对统一。因此，在核心区建筑屋顶的形式上，宜兼顾与周边建筑的协调性。通过在屋顶组合、形式、坡度上提取江南特色的传统屋顶形式，提炼地域符号，并结合现代工艺和技术材料，对传统形式进行转译（图 2.6-6）。

结合浙江大学紫金港校区西区整体建筑布局形式，延续“大学园林”的总体理念，西区中心区规划建筑组合形式以开放的院落式组团为主。在此基础上，中心区建筑形象应注重符合地方建筑的形制尺度，例如将建筑山墙、纵墙比例控制在合理的范围区间内，统筹中心区建筑立面之间的关联性，结合标志性的建筑单体，从建筑群整体形象和标志建筑形象两个方面，塑造丰富且有地方特色的建筑风貌（图 2.6-7）。

2.6.3 交叉与融合

浙江大学起源于求是书院，百年来以“求是”精神砥砺后学、培育人才，浙大文化既有传统书院的历史底蕴，又有创新进取的文化追求。紫金港校区西区在规划上以求是湖为核心，分为三个放射状的环带，中心区为文章探讨的重点，其中已建成的求是文化建筑群和西区图书馆以仿中国古典建筑形式为主，第二层环带包括文科、材化、理科和机械组团等构成的学科教学组团带，建筑风格借鉴浙大老校区，采用灰瓦坡屋面和红色清水砖墙，第三层环带包括考古与艺术博物馆、国际艺术中心、综合训练馆等校园标志性校园建筑。

图 2.6-7　西区核心区沿湖风貌意向图

图 2.6-8　西区核心区风貌研究

紫金港校区西区的规划建设以组团式的学科群为基本单元，以国家实验室和学科交叉共享平台为核心，推动学科的综合发展。西区中心区不仅是校园空间位置上的核心区位，还以其交叉共享的属性链接着各个学科单元，并且在未来也承担着学校与国际、校际之间互动交流的作用，可以说是校园文化传承和发扬的关键“锚点”。因此，西区中心区建筑风貌除了充分考虑人文因素，还要遵循整体性的原则，在塑造核心区建筑特色的同时，关注与已建成周边环境的整体协调性。通过建筑风貌的合理把控，保证校园文化符号的延续性与可读性，在空间上引导和改善校园中文化活动的发生率与质量，积极营造良性的学术氛围，拓展校园文化的内涵价值。因此，在西区中心区的建筑风貌上注重校园文脉的传承，有助于弘扬浙大精神，强化校园特色气质，提高学生对校园的认同感和向心力（图 2.6-8）。

校园文脉指的是校园文化的核心，校园文化是校园风貌特色的血脉，也是师生智慧的结晶。它体现了学校的价值取向和审美观念，同时承载了学校的历史，见证了教育的发展和文化的变迁。举例来说，浙江大学的“求是”精神作为一种经历了百年的历史积淀，在浙大学子身上代代相传，对于形成校园归属感、凝聚交往、陶冶情操起到重要的作用。在建筑风貌上，延续校园文脉的重点在于延续校园物质文化的可识别性，通过微观层面对校园“场景片段”的重塑以及对校园标志性符号的再现来实现。例如，在西区中心区建设规划中，通过重构浙江大学玉泉老校区的红砖、灰墙、垂花门、大屋顶等建筑细节，或是将原有浙大校园独特的建筑造型语言与新建筑相融合，兼顾延续性与创新性，从而使校园文化得以延伸与统一。

通常，校园风貌还可以通过建筑色彩在视觉上传达其地域性、独特性以及与周边环境的协调性。在色彩规划中，往往通过色彩体系的控制来限定校园环境的整体基调和氛围。完整的色彩体系通常由主色调、辅助色调和点缀色调三个部分组成。在紫金港校区西区中，主要采用黑白灰作为主色调，以表达宁静素雅的书院气质，并辅以仿木色来营造园林校园的韵味。同时，应注重提取并延续紫金港校区西区已建成建筑中的“浙大红”，在细节处适当运用红砖作为调和色调，以协调中心区与周边学院组团中大量红砖建筑的关系（图 2.6-9）。

此外，在建筑材料的运用上，也应关注对浙大经典建筑形象元素的延续。建筑材料的运用是一门关乎细节的艺术，它的选择关系到建筑的经济性、实用性、美观性。紫金港校区西区现有的学科组团建筑外立面材料主要采用红砖，因此，在核心区的过渡界面上适当运用相同或类似的材料，以确保已建成的学院组团与中心区的衔接过渡以及沿道路界面的延续性和协调性。

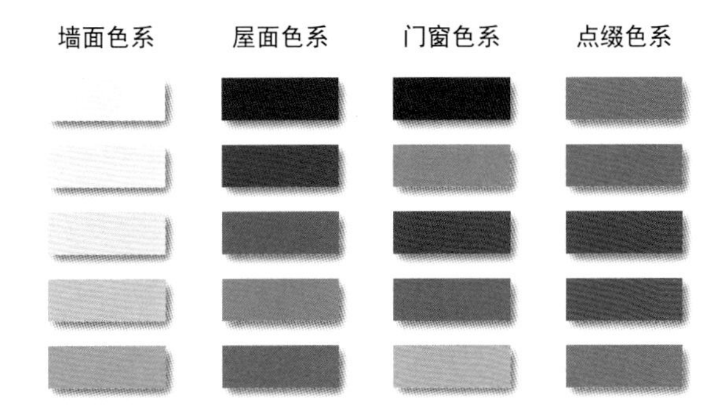

图 2.6-9　色彩体系

注：

1. 图片来源于浙江大学建筑设计研究院有限公司黎冰大师工作室。
2. 本节由 CRC 团队编纂整理。

学生活动中心
Student Recreation Center

校园与人文

2.7 绍兴文理学院扩建改造

OVERALL RENEWAL AND EXPANSION OF
SHAOXING UNIVERSITY, SHAOXING, CHINA

更新时间 / 2020　**项目区位** / 浙江省，绍兴市　**建筑面积** / 902604 ㎡

设计团队 /
浙江大学建筑设计研究院有限公司·建筑创作研究中心
浙江大学建筑设计研究院有限公司·建筑九院
浙江大学建筑设计研究院有限公司·国际设计中心
浙江大学建筑设计研究院有限公司·文化遗产研究一所
浙江大学建筑设计研究院有限公司·协创中心

图 2.7-2　绍兴文理学院南山校区核心区总平面图

图 2.7-3　绍兴文理学院整体鸟瞰图

缘起

20 世纪 90 年代以来，中国大学校园建设经历了二十多年合并综合性大学、规划大学城、学科资源输出、成立外地分校、拆旧建新等诸多快速扩张模式，对周边地区产生了一定的影响，校园建筑不仅作为教育活动的载体，还需要承担周边地块的需求，在老校园改造过程中对“文化传承”“大学精神”“校城融合”等进行理解运用。

绍兴文理学院位于千年文化古城绍兴市主城区越城区内，历史上鲁迅等文化名士担任过校长。2018 年中，绍兴市委常委会召开扩大会议，专题研究“绍兴文理学院”升级为“绍兴大学”的校园筹建工作，在对比了诸多新校区选址后定下了“保留老校园就地改扩建”的更新策略（图 2.7-1～图 2.7-3）。

2.7.1 传承与创新

更新改扩建工程围绕“千年古城，现代大学”的办学新目标，提出了一个“水墨江南，人文古越”的设计构想，旨在创建一所高水平应用型大学。新建的绍兴文理学院核心区主要包括图书信息中心、工科实验实训中心、师生活动中心等共享资源集聚平台。实现从“校园”到“城市”的空间

图 2.7-4　绍兴文理学院核心区鸟瞰图

互哺；从“当下”到“未来”的有机更新；从“自然”到“人文”的生态共生。

现状校园被城市主干道割裂为两个校区，方案需在被割裂而无序的现状肌理中，纳“界”为“域”，整合出连续而有序的大学规划。校园规划延续了传统江南城市的基本格调，摒弃了传统高校校园左右对称的宏大叙事，关注了走街串巷式的地域主义布局。大学布局由核心区展开，通过节点、路径和界面等要素营造功能混合的完整的公共区域（图 2.7-4）。

2.7.2 礼乐与水乡

绍兴拥有丰富的人文历史，以书院为载体的礼乐文化与独具风情的水乡风韵为本次校园更新提供了设计思路。

传统书院在规划布局中深受礼乐文化的影响，浙江地区的书院建筑在功能上大体遵循“引导、教学、祭祀、藏书、斋舍、园林”六类，空间格局上有轴线式布局、院落式布局、自由式布局三种形式。设计尝试提炼这个城市的“礼”制，在保留原有空间格局的基础上，通过强化原有空间轴线，并对绍兴城市特色进行提炼，运用于组团建筑更新中，试图将校园与城市进行融合。

密布交织的水网造就了绍兴独树一帜的江南柔美，名贤辈出又为其增添了一份文化厚重，独特的水乡风貌和文化特征令绍兴在中国的古城名录中熠熠发光。设计尝试将黑白晕染的色彩特质、台门为主的建筑传统、戏台构建的文化符号等这些绍兴元素置入组团更新中，通过色彩、形制、细节将城市文化延伸至校园空间，彰显“绍兴大学”的地域特征

图 2.7-5　绍兴文理学院南山校区学生宿舍街透视效果图

和文化禀赋。

2.7.3 编织与修补

落实到具体设计，主要采用“编织”和“补丁”两个策略：

基于现状文脉肌理的编织：方案延续现存路径，围合出核心区域，设计的教学楼体量较大，体块悬挑，通过肌理编织确定了空间序列的方向性，给予公共空间更多的流动性，并通过形态操作，限定了核心区域。利用建筑和景观节点使原有轴线自然转折，通过建筑界面的虚实结合，视觉立面通廊的延伸和不同的道路走向去消解城市道路的割裂感，实现两侧校区的转换。

规划脉络则通过天际线的连续性，消解城市道路作为场地边界带来的消极影响。绍兴文理学院规划的最终目标并不是物质形态，而是人们心目中一个意象，一个“有秩序、融于城市和山水格局”的意象。

基于山水格局的修补：江南水乡绍兴的城市功能因为水系的变迁而得以积聚扩散。但在城市更新的进程中，现存的、天然的山水格局往往被遗漏，如果将其视线与行为相互渗透，则可以把两侧空间构造糅合在一起，此时边界就演变成空间接合点，也就是我们所谓的“修补”。

紧邻过境河道展开的教学区，通过植入亲水空间，将原有边界转化为标志性较强的城市节点。具有标识性的主校门和功能性的小建筑群依山而建，延续肌理，试图从视觉和行为引导两个空间相互渗透，从而唤醒和激活目前被荒废在边缘的山体（图 2.7-5）。

风雨操场融山而建，建筑空间与景观空间无缝衔接，提升了大学校园对于城市界面的可达性。当边界景观节点转化为公共场所，将两侧空间自然过渡，从而完成了城市和校园之间的织补。

结语

从“礼乐文化，水乡风韵”的攫取转译到“水墨江南，人文古越”的设计构想，由文脉肌理的编织到山水格局的修补，该改扩建方案最终呈现的效果会是多样、有序且具有意象性的。虽然是校园更新项目，但实则关注被割裂或被遗忘的城市空间，织补城市亦反哺了校园更新，由此，绍兴文理学院改扩建或许是绍兴城市更新过程水到渠成的结果（图 2.7-6）。

图 2.7-6　绍兴文理学院图书馆透视图

注：

1. 本节由浙江大学建筑设计研究院建筑创作研究中心供稿，部分来源于《水墨交融，礼乐相成——绍兴文理学院河西中心区更新》，于 2021 年 10 月，发表于《建筑与文化》，文章作者莫洲瑾、陆钊扬、曲劼。

2. 图片来源于浙江大学建筑设计研究院有限公司建筑创作研究中心。

3. 本节由 CRC 团队编纂整理。

结　语

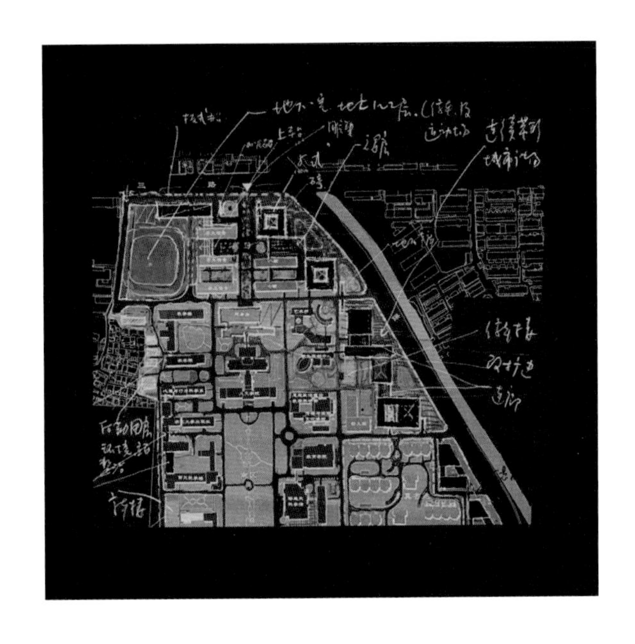

校园是传授知识和发展知识的地方，更是人性养成的重要场所。校园设计并不复杂，其中无须过多的流程或工艺，但校园设计分量很重，因为这里蕴涵无穷的期待和希望；从校园空间形态的演变过程中可以看出，校园空间并不存在最佳的理想状态，从历史、现在到未来，逐步演变的状态是校园在基地环境中生长并将历史信息传承下去的必经历程，多元平衡的格局是校园精神的本源所在，也是校园活动和发展的立足点。

——董丹申

校园建筑向外寻求的是与所处的城市环境的互动与联系，向内寻求的是与校园规划本身的融合与共生，它不仅是我们校园文化传承与延续的场所与载体，也是教育的一部分，随着时间的推移，能够在未来的教育实践中产生更加深远的影响。浙江大学紫金港校区建设完善的过程，就是以理性、渐进的态度，不断摸索尝试、寻求内外平衡的过程，在共生中传承，在传承中创新。

——黎 冰

建造不会停止，人所居住的环境也会像人一样新陈代谢。历史建筑更新改造，应该让我们知道历史建筑与处在当下的时代，从来都是有联系的，我们不应漠视这种关系，而是应该将这些联系转换成继续使用的空间，从内部就开始发生不可分离的关联。在任何项目中，建筑的过去、现在和未来不应是割裂的命题，应该相互关联、对话，在时间的洗礼中，产生新的意义，给予灵感，触动情绪，传承精神，引发敬畏，历史、现在和未来在此碰撞新生！

——李静源

校园是我们多数人的立身之处，而浙大西溪校区也是我们学习、工作、生活、思考的场所，耳濡目染着“老杭大”的文化记忆。经过几十年的更新建设，如今将西溪校区规划打造为产学研一体的校城融合新典范，更是我们回溯过去、立足当下与展望未来的过程。借此，相信未来的城与校、物与人不再隔离，能实现界面相融，交互共生。

——胡慧峰

校园是理想和现实之间的一个交汇点。在校园里工作和生活，特别是作为建筑师，能够参与到校园的建设和成长中，是幸运的，我很感激。

——陆 激

大学与城市的互动，是一种责任，也是一种态度。大学与城市密不可分，两者长期共处并以各自的形态、结构和功能表现出它们存在的社会意义。大学校园既是城市先进文化传播者，也是区域创新的驱动器，更是高质生活方式的示范区；城市是大学的时空载体，为大学提供土地资金、产业转化、商业配套、就业服务等资源。当代校园的建设与更新，应力求构建校城一体化体系，探索大学与城市共同成长的新模式。

——王 静

随着时间的推移、城市化的蔓延，校园与城市的关系发生了质的转变：围墙而建的校园边界是否需要重新定义校与城的关系，校园是否可以承载部分城市公共空间的职能。带着这些问题，我们希望能重新探索校园与城市的关系，它们之间的边界可以是任何一种有趣而充满能量的弹性界面，而不应是一道冰冷的隔墙。

——门 阁

校园的优美环境和空间氛围不仅仅是学校的宝贵财富，更是城市的优质资源，特别是在存量发展的新时代背景下，城市管理者希望合理有效地调动其宝贵的土地资源。新时代的教育和自主式的学习更强调与现实社会的关联度，这要求学子们走出校门，到更广袤的校外继续学习。校园和城市的“双向奔赴”意味着我们的校园将被重新定义为城市空间的重要组成部分，它对城市的开放姿态则将展现我们这个社会珍贵的包容性。

——李 寅

在校园中，唯一不变的就是不断的变化，与社会的进步相契合。在“变化”中，我们将校园的使用者、管理者和决策者紧密联系在一起，共同推动校园的生长与更新。进一步的，我们应始终秉持开放的心态和创新的思维，不断为校园注入新的元素和活力。

——吴启星

团 队／
CRC TEAM

王 静　姚林锋　陆文凯　穆 特　段昭丞　门子轩　叶 婷　张润泽

案 例／
CASES

01 玉泉食堂更新改造
2018 / 浙江，杭州 / 2394 ㎡
浙江大学建筑设计研究院有限公司·建筑一所

02 紫金港学生街更新改造
2018 / 浙江，杭州
浙江大学建筑设计研究院有限公司·建筑一所

03 华家池第一食堂修缮改造
2019 / 浙江，杭州 / 1600 ㎡
浙江大学建筑设计研究院有限公司·建筑一所

07 绍兴文理学院扩建改造
2022 / 浙江，杭州 / 902604 ㎡
浙江大学建筑设计研究院有限公司·建筑创作研究中心

04 西溪校区整体更新改造

2022 / 浙江，杭州 / 440394 m²

浙江大学建筑设计研究院有限公司·建筑创作研究中心

05 玉泉校区整体更新改造

2022 / 浙江，杭州 / 674460 m²

浙江大学建筑设计研究院有限公司·国际设计中心

06 紫金港核心区功能提升

2022 / 浙江，杭州 / 145641 m²

浙江大学建筑设计研究院有限公司·黎冰大师工作室

致　谢

一

本书得以顺利出版，首先感谢浙江大学平衡建筑研究中心的资助；同时，感谢浙江大学平衡建筑研究中心、浙江大学建筑设计研究院有限公司对建筑设计及其理论深化、人才培养、梯队建构等诸多方面的重视与落实。

二

感谢本书所引用的具体工程实例的所有设计团队（排名不分先后），即：

浙江大学建筑设计研究院建筑创作研究中心、

浙江大学建筑设计研究院建筑一所、

浙江大学建筑设计研究院环艺分院、

浙江大学建筑设计研究院黎冰大师工作室、

浙江大学建筑设计研究院国际设计中心等。

正是大家的共同努力，为本书提供了有效的平衡建筑实践案例支撑。

本书中所有案例与文字均标注了出处，在此一一感谢。

三

感谢浙江大学建筑设计研究院校园建设及更新研究中心团队成员：

姚林锋、段昭丞、陆文凯、穆特、叶婷、门子轩、张润泽，

为编写此书日夜兼程地辛劳工作，才使得此书得以呈现。

四

特别感谢浙江大学建筑设计研究院学术总监李宁老师、浙江大学建筑系教授贺勇老师，对本书细致权威地指导工作。

五

感谢中国建筑出版传媒有限公司（中国建筑工业出版社）对本书出版的大力支持。

六

有“平衡建筑”这一学术纽带，必将使我们团队不断地彰显出设计与学术的职业价值。